本书获得国家自然科学基金项目（71872104、72472091）、山西省基础研究计划（自由探索）面上项目（202303021211141）、山西省高等学校科技创新项目（2024W215）以及山西工学院高层次人才科研业务项目（010008）的资助与支持

U0516170

经管文库·管理类
前沿·学术·经典

基于区块链技术的
企业网络治理研究

RESEARCH ON THE INTERFIRM NETWORK
GOVERNANCE BASED ON BLOCKCHAIN
TECHNOLOGY

史萍萍 著

经济管理出版社
ECONOMY & MANAGEMENT PUBLISHING HOUSE

图书在版编目（CIP）数据

基于区块链技术的企业网络治理研究 ／ 史萍萍著.
北京 ：经济管理出版社，2024. -- ISBN 978-7-5243
-0058-8

Ⅰ．TP393.07

中国国家版本馆 CIP 数据核字第 2024RH6221 号

组稿编辑：白　毅
责任编辑：白　毅
责任印制：许　艳
责任校对：熊兰华

出版发行：经济管理出版社
　　　　　（北京市海淀区北蜂窝 8 号中雅大厦 A 座 11 层　100038）
网　　　址：www. E-mp. com. cn
电　　　话：(010) 51915602
印　　　刷：唐山玺诚印务有限公司
经　　　销：新华书店
开　　　本：720mm×1000mm/16
印　　　张：14.75
字　　　数：275 千字
版　　　次：2025 年 4 月第 1 版　　2025 年 4 月第 1 次印刷
书　　　号：ISBN 978-7-5243-0058-8
定　　　价：98.00 元

前　言

在数字化时代，企业网络迎来发展的新契机。为了满足组织间合作的需求并帮助企业顺应时代潮流实现数字化运营，企业网络必须得到治理。然而，对独立组织众多、管理内容复杂的企业网络来讲，进行全方位治理是一项极为艰难的任务。区块链作为一种崭新且极具颠覆性的大规模协作式技术工具，广受学术界和实践界的追捧。追溯本源不难发现，区块链技术与企业网络治理在"信任""真实""共享""协同"等方面存在理念和治理内容的契合。分散的数据存储技术与自动执行合约的特性，允许组织以无缝隙、透明和防篡改的方式存储和共享信息，并提供了一种"执行协议并实现组织间合作与协调的新方式"，在提高效率的同时降低了固有的交易风险，为企业网络提供全新的数字化治理思路。针对这一现象，本书从治理层面对区块链助力企业网络治理展开深入研究，完善企业网络治理理论并实现科学治理。

本书沿着"总—分—总"逻辑架构展开研究：①从企业网络治理的困境与难点出发，以技术治理理论、网络治理理论、信息共享理论、交易成本理论、社会交换理论为理论基础，通过理论归因、实践归纳总结出企业网络治理面临的困境，即信息共享效率低、机会主义风险以及协调障碍。在此基础上对利用区块链技术破解企业网络治理困境进行理论分析，对区块链助力企业网络的治理思想进行系统阐述。②基于所提出的区块链技术破解企业网络治理困境，对每一个治理内容展开了进一步研究。具体而言，首先，构建了基于区块链的企业网络信息共享框架，并基于三方演化博弈对信息共享系统中的主体策略选择进行分析，从而识别了企业信息共享的影响因素。其次，构建了基于区块链的机会主义行为治理理论模型，并采用问卷调查与实地调研的方式收集相关数据资料，使用 PLS-SEM 方法进行假设检验。最后，构建了基于区块链技术的组织间协调治理的理论模型，采用问卷调查数据对假设进行实证分析。③基于上述的理论研究结果从微观（合作企业）、中观（企业网络）、宏观（政府）三个不同层面提出基于区块链的企业网络治理对策。

本书得出以下主要结论：①企业网络治理困境主要为：信息共享效率低、机会主义风险和协调障碍，并通过理论分析发现区块链技术有利于破解企业网络治理难题。②在基于区块链技术的企业网络信息共享系统中，仿真结果证明了初始意愿、信息共享风险系数、信息共享量、共享成本、声誉激励、预存定金、惩罚系数是影响信息共享主体策略选择的关键因素，而激励系数仅影响策略稳定速度而不会改变策略选择。③区块链的技术特征和治理机制均有助于抑制机会主义行为，且两者之间存在互替性关系，即区块链技术和契约治理在解释组织间机会主义行为时可以相互替代，而区块链技术与关系治理在治理机会主义行为时可以互补协同。因此，需选择恰当的治理组合以有效治理机会主义行为。④区块链技术的分布式共识和自动可执行对组织间协调产生积极影响，且组织间信任在区块链技术与协调之间存在部分中介作用。其中，联合协作规划对组织间协调的调节影响存在边界条件，即联合协作规划强化了组织间信任对协调的直接作用，以及组织间信任在区块链技术与组织间协调之间的中介作用。据此，本书进一步从合作企业、企业网络、政府三个不同层面提出了有利于治理效果提升的若干对策建议。

本书实现了以下三个方面的创新：①拓展区块链技术应用场景，创新性地将其延伸到企业网络新场景，突破区块链研究的技术局限，有效释放区块链价值。②构建了基于双层区块链的企业网络信息共享框架，并阐明区块链技术破解信息共享困境的治理逻辑，为破解"信息孤岛"、促进数据流通提供了可操作性的指导工具。③以区块链技术为治理手段解决企业网络所面临的机会主义风险和协调障碍，丰富了企业网络治理理论。通过对区块链治理的深入挖掘，丰富了企业网络治理手段，为网链良性互构提供了新洞察和实践指导。

本书的出版获得了国家自然科学基金面上项目（71872014）、山西省基础研究计划（自由探索）面上项目（202303021211141）、山西省高等学校科技创新项目（2024W215）及山西工学院高层次人才科研业务资助项目（010008）等基金项目的资助与支持，谨在此表达诚挚的谢意。

史萍萍

2024 年 8 月

目　录

第 1 章 绪论

1.1 研究背景及意义

1.1.1 研究背景

在数字经济时代，企业网络已经成为企业获取资源并保持持续竞争优势的重要组织形式。组织间的交流与合作为网络中的企业组织提供了更为广阔的发展空间。2022 年 5 月，为贯彻落实《"十四五"促进中小企业发展规划》，促进产业链上中下游、大中小企业融通创新并推动创新资源共享，工业和信息化部等十一部门开展"携手行动"促进大中小企业融通创新，鼓励企业进行创新资源共享，引导组织间共享研发能力、研发设备等创新要素，着力构建大中小企业相互依存、相互促进的企业网络生态。可见，以共建、共治、共享为特征的网络型合作组织已成为我国经济实践的新亮点，战略性新兴产业集群、企业间战略联盟、技术创新网络、智慧供应链网络等各种形式的企业网络成为我国经济实践的重要组织形式，也已成为超越企业与市场"两分法"的第三种道路选择。创新载体逐渐从单个企业向多主体协同创新网络转变，价值获取从单体价值创造向企业网络价值共创转变，业务流程从线性链式向协同并行转变，构建具有跨界、应用、协同特征的企业网络型组织已然成为经济建设的新常态。

随着企业在全国各地扩张以寻求专业化和规模经济，提高生产力和降低生产成本，企业网络的实力和复杂性也在增长。特别是 5G、人工智能、物联网等新一代数字技术将企业推向更加数字化的方向。同时，企业网络在新一代数字技术的驱动下也呈现出更多形态，企业间合作从原先地理空间集聚模式转变为以数据要素实时流通为核心的网络虚拟集聚模式（王如玉等，2018）。数字化转型等外部环境变化带来的高度不确定性使"因利而聚，利尽则散"的组织间网络更为脆弱，以信任为基础的组织间网络具有独特的困境，这加大了跨组织治理的难度。同时，以信任为基础的企业网络不可避免地受到协调成本高、管理难度大、关系不稳定等因素的影响，导致归属于不同企业成员的大量信息无法得到充分利用，信息渗透与应用无法深度实现，机会主义行为时有发生，组织间合作并不牢靠（Lunnan & Haugland，2008）。复杂的企业间关系在为企业带来重大利益的同时，也可能引发组织间关系的紧张（James M. Crick & Crick，2021），产生机会主义行为（Das & Rahman，2010）、冲突（王龙伟等，2020）和道德风险（Agrawal et al.，2015）。也就是说，在"网络化"的世界中，跨组织互动在创造巨大价值的同时也隐藏着更大的风险（James M. Crick & Crick，2021；刘向东和刘雨诗，2021），企业网络治理的机遇与挑战并存（杨伟等，2020）。

企业网络治理是经济生活中的一个核心挑战。从供应链网络、战略联盟到产业集群等，组织间关系存在于一系列环境中（Parmigiani & Rivera - Santos，2011）。在这种情况下，主要的治理挑战在于在建立信任和保护合作伙伴免受机会主义行为侵蚀的同时实现组织间目标（Gulati et al.，2012；Hoffmann et al.，2018），以此提升网络绩效。然而，尽管网络治理取得许多成效，但在现实中，企业网络治理仍然受到组织间信息共享效率低、协调难度大等问题的制约，影响了企业网络治理的效率与效果。

因此，为解决企业网络治理困境，技术治理被引入企业治理实践。数字经济革命带动下的技术治理成为企业网络治理变革的基础和动力，加速重构网络发展与治理模式变革（关婷等，2019；吴瑶等，2020）。在诸多新型信息技术中，区块链作为一种崭新且极具颠覆性的大规模协作式的技术工具，自 2008 年被 Naka-moto 首次提出后广受学术界和实践界的追捧。全球有大量的产业区块链项目正在开展，例如，物流企业集团 Maersk 和跨国信息技术公司 IBM 联合开发 TradeLens 平台以提高全球供应链网络的可见性与可追溯性，实现组织间的协作。那么，区块链技术能否在企业网络治理领域有所作为？事实上，区块链技术与企业网络治理因具有"信任""真实""共享""协同"等特征而存在理念和治理内容的契合。分散的数据存储技术与自动执行合约的特性，允许组织以无缝、透明和防篡改的方式存储和共享信息，提供了一种"执行协议并实现合作与协调的新方式"，在提高效率的同时降低了固有的交易风险（Lumineau et al.，2021），可为企业网络提供全新的数字化治理思路。然而，现实中的企业网络治理实践往往滞后于不断变化的行业现状，很多企业不仅缺乏对区块链技术与企业网络治理关系的充分理解，而且未系统地探究区块链背后的治理逻辑与特定场景的应用适配。

由此可以看出，要发挥区块链技术的潜在价值就必须拓展应用场景，将其应用于企业网络治理新领域，能够实现潜在价值的发挥。而企业网络要想突破治理困境，纾解难点与痛点，就必须寻求新的技术支持，以助力实现治理创新。因此，存在巨大的驱动力促使二者进行交互，这恰恰是区块链赋能企业网络治理的逻辑起点。

基于此，本书的主要目的是在区块链技术发展的背景下丰富企业网络治理理论，以技术手段助力企业破解网络治理难题，推动企业网络新价值的创造，实现高效稳定运行。首先，本书对区块链与企业网络治理已有文献进行全面回顾，识别企业网络治理的困境所在，并在剖析区块链的技术特性、治理属性的基础上，探究利用区块链破解企业网络治理难题的实现机理。据此，从信息共享、机会主义和组织间协调三个治理方面构建区块链技术与企业网络治理的理论模型，分析区块链技术如何作用于信息共享、机会主义和组织间协调，从而实现企业网络的有效治理。其次，为促进治理的有效性，对基于区块链技术的企业网络治理提出对策建议，为企业网络健康有序发展提供新的方案，对当前学术界企业网络治理的复杂性分析做出积极回应。

1.1.2　研究意义

1.1.2.1　理论意义

本书研究的主要理论意义丰富了企业网络治理理论以及促进了区块链技术的发展与应用，为网络型组织治理提供了新的研究视角。

（1）有助于深化企业网络治理研究层次，丰富企业网络治理理论。随着信息技术与网络技术的发展，跨组织合作创新、业务协调等成为企业网络治理的重要内容，而组织间治理则是基础和前提。从区块链技术治理的独特视角出发，研究企业网络治理过程中的机会主义难遏制、信息共享效率低以及协调难度大这些重点、难点问题，丰富了企业网络治理理论，并拓展了相关理论，为"无界"商业模式的日臻完善做出有益探索。

（2）有助于认识和把握区块链的治理规律。鉴于区块链治理价值的实现途径一直是一个不断探讨的领域，但区块链究竟以何种逻辑、何种属性作用于企业网络治理并没有得到阐释，本书借助制度经济学理论和信息治理理论，在区块链的技术特性基础上厘清了内在的治理属性。

（3）促进企业网络和区块链技术的应用交叉研究。关于企业网络与区块链技术交叉领域的研究很少，本书提出二者互动的机理，从理论上拓展了二者相互作用的机制，从实证上探索性地研究了区块链技术如何作用于企业网络治理，既为区块链技术"应用观"增添了新的证据，也为区块链技术作用于企业网络治理的机制进行了探索，实现了产业驱动、链以致用，促进区块链基础研究成果进一步落地。

1.1.2.2　实践意义

本书研究的主要实践意义包括为企业网络中的治理困境与难题提供解决方案并促进区块链技术的应用。

（1）有助于破解企业网络治理困境。企业网络在运行过程中遇到的诸多"瓶颈"不仅局限于风险防范方面，信息共享、投机行为以及协调问题同样制约着企业网络的健康发展，构成企业网络有序运行的短板，也是企业网络治理的困境与痛点。然而目前尚无破解这些难题的有效工具与方法，亟须从技术上进行突破，从而为企业网络提供新的治理思路与工具。因此，本书引入在数字治理方面具备诸多优势的区块链技术，为破解企业网络治理的难题提供解决方案，实现技术与治理的对话、理论与实践的对接。

（2）推动跨界合作实践进阶升级。为提高跨界组织间合作效果，就需要对企业网络进行诊断和优化，而对其治理困境的透析，则能够指引企业网络从治理优化与创新、区块链技术应用层面入手，破解治理难题，从而推动跨界组织间合作的进阶升级。

（3）拓展区块链技术的应用场景，实现应用创新。随着区块链技术应用场景的增多，人们已认识到区块链需要拓展应用场景。因此，本书在研究过程中针对经典区块链技术应用于企业网络的局限性，从区块链技术的底层治理逻辑出发，深入挖掘区块链技术作用于治理的背后机理，这将深化治理领域区块链技术的相关研究，促进区块链技术的拓展应用，实现区块链技术的应用创新。

1.2 研究内容与目标

1.2.1 研究内容

基于已有研究，本书以解决企业网络治理困境为出发点，深入剖析当下网络治理的桎梏：信息共享、机会主义和组织间协调。在传统治理手段的基础上，进一步引入区块链这一技术工具，力图破解企业网络治理困境，促进企业网络健康有序运行。本书遵循"治理困境—治理手段—治理目标"的框架，从区块链技术破解企业网络治理困境分析、企业网络信息共享治理、机会主义行为治理和组织间协调治理四个方面提出本书需要解决的关键问题，即本书的主要研究内容（见图1-1）。

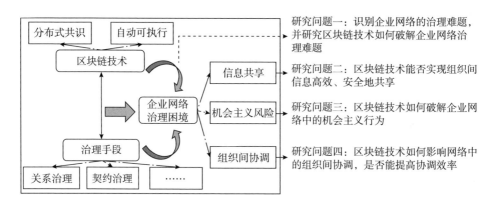

图1-1 研究内容

1.2.1.1 基于区块链技术的企业网络治理困境与破解机制研究

区块链技术同企业网络治理之间的内在逻辑关联，是研究区块链技术助推网络组织治理创新的逻辑起点，而识别企业网络的治理难题是实现企业网络治理创新的基石。首先，通过理论归因、实践归纳，总结企业网络所面临的主要治理困境，以充分展示本书研究的紧迫性和复杂性，并为引出新的治理工具与手段做铺垫。其次，通过对已有区块链技术相关文献的分析发现，区块链技术要发挥潜在价值，必须拓展新的应用场景。最后，探析区块链的技术破解企业网络治理难题的实现机理,为后续章节的展开提供理论分析与路径指导。

1.2.1.2 基于区块链的企业网络信息共享机制研究

为探究区块链技术对网络内信息共享的影响,本书采用三方演化博弈构建基于区块链技术的信息共享模型,研究企业网络中信息共享的演化稳定策略,从而探究区块链技术对企业网络治理中信息共享的影响。为实现组织间的信息共享、消除"信息孤岛",本书引入区块链技术并构建基于区块链技术的信息共享框架,厘清区块链技术助力于破解组织间信息共享难题的治理逻辑。在此基础上运用三方演化博弈模型分析信息共享主体与网络管理组织(NAO)之间的策略选择,分析参与主体之间信息共享行为策略选择的影响因素以及各因素相互作用的动态演化过程,而后根据演化稳定策略分析有效实现信息共享的对策。

1.2.1.3 基于区块链技术的企业网络机会主义行为治理研究

为了明晰区块链对企业网络机会主义的作用路径,本书基于信息治理理论、交易成本理论和社会交换理论并结合相关已有文献,探索区块链技术、契约治理和关系治理等因素对机会主义行为治理的作用路径。首先,基于理论基础和文献提出区块链技术、治理机制与机会主义之间的假设关系,并构建理论模型。其次,在变量设计的基础上设计问卷,对采纳区块链技术的产业集群、战略联盟等类型的企业网络进行调研与访谈,并采用偏最小二乘法结构方程模型(PLS-SEM)进行实证分析。最后,基于实证结果分析讨论区块链技术是否有效遏制机会主义行为。

1.2.1.4 基于区块链的企业网络组织间协调治理研究

为了解决组织间协调效率低下的治理难题,引入区块链技术来破解企业网络协调效率不足的困境。首先,基于技术治理理论、组织协调理论并结合已有文献,梳理提出区块链技术与组织间协调之间的假设关系,并构建理论模型。其次,在变量设计的基础上,通过对采纳区块链技术的产业集群、战略联盟等类型的企业网络进行调研与访谈,并采用多元层次回归进行假设检验。最后,基于实证结果分析讨论区块链技术如何实现组织间协调、组织间信任如何影响区块链技术与组织间协调,并在此基础上研究联合协作规划对区块链技术、组织间信任、组织间协调的调节效应,从而深入分析区块链技术如何有效地提高协调效率、破解协调难题。

1.2.2 研究目标

(1)厘清利用区块链技术破解企业网络治理困境的机制。通过对企业网络治理相关文献进行系统梳理以及对实践的归纳，识别出企业网络所面临的主要治理困境。基于跨学科视角对区块链技术的技术特征、应用场景进行探究，以明晰区块链技术的治理属性。在此基础上探析区块链技术破解企业网络治理困境的内在逻辑与实现机理，从而为破解企业网络治理困境提供新思路、新手段，为网络合作背景下的企业网络治理提供优化的可操作性建议与方向性导引。

（2）揭示区块链技术下企业网络组织间信息共享机制。基于区块链技术架构和信息共享需求，构建基于区块链技术的企业网络信息共享框架，厘清区块链技术破解"信息孤岛"的治理逻辑，并在此基础上构建企业网络信息共享的演化博弈模型，分析共享意愿、信息数量、奖惩机制等影响因素对共享策略的影响。由此揭示基于区块链技术的企业网络内组织间信息共享的内在机理，推动企业网络内信息的安全、高效、有序交流与共享，以回应一线实践的迫切需求。

（3）探索区块链技术对机会主义行为的作用路径。在研究区块链技术对机会主义行为直接影响的基础上，引入关系治理和契约治理，并依托传统治理机制来考察区块链技术能否有效遏制机会主义行为，探究区块链技术与治理机制的互替性关系，实现对机会主义行为的有效治理，以丰富和深化网络治理的理论研究，并为我国企业网络的治理提供指导。

（4）厘清区块链技术对组织间协调的内在作用机理。在研究区块链技术对组织间协调产生直接影响的基础上，引入组织间信任与联合协作规划变量来考察区块链技术对组织间协调影响的中介机制，通过构建并验证区块链技术对组织间协调的作用机制理论模型，以回应企业网络治理实践的迫切需求。

1.3 研究方法与思路

1.3.1 研究方法

1.3.1.1 文献分析法

本书将利用文献资料与数据库系统以"企业网络治理""组织间治理""区块链治理"等为关键词进行文献搜索，以经典文献和前沿研究相结合的方式探索研究问题、寻找研究方法、阐释研究结论，旨在全面探索研究问题、寻找合适的研究方法，并最终阐释研究结论。大量的文献阅读为找出企业网络治理领域研究的突破口和创新点奠定了基础，在文献收集和阅读的过程中，将特别关注区块链技术与企业网络治理的结合点。通过归纳和总结已有的研究，系统阐述现有研究的不足之处，分析不同研究者之间观点的差异，并探讨差异产生的原因，更深入地理解区块链技术在企业网络治理中的应用潜力和面临的挑战。此外，本书还将整合管理学、计算机科学等相关学科的理论和方法，以期提炼出本书的研究内容。跨学科的研究方法为本书研究提供了一个更为全面和深入的视角，能够帮助笔者从不同角度审视问题，提出更为创新和实用的解决方案。

1.3.1.2 演化博弈分析

企业网络治理的最终目标是实现网络整体利益的最大化。而信息共享是实现企业网络产生协同效应的必要手段，然而信息不对称、技术手段落后等导致组织间的信息共享往往难以达到理想状态。因此，本书拟采用演化博弈方法，引入区块链技术来提高企业网络中各方共享信息的意愿，增强信息质量，营造良好的信息共享氛围，从而实现网络治理的目标。区块链技术以其去中心化、不可篡改和透明性的特点，为信息共享提供了一个安全、可靠的平台。通过这一技术，可以增强信息的质量，降低信息不对称的风险，并促进主体间的信息共享。具体来说，第一，明确参与博弈的各方及其策略集合。在此基础上，进行合理的模型假设，构建演化博弈模型。这一模型将模拟企业在不同策略选择下的行为和互动，为后续的分析奠定理论基础。第二，利用复制动态方程求解演化稳定策略。复制动态方程能够描述个体在博弈中的策略如何随时间演化，以及这些策略如何影响整个系统的稳定性和效率。通过分析参数的变化，可以探寻影响组织信息共享的关键因素。第三，利用数值仿真分析工具对企业网络中的信息共享的动态演化进行分析，通过模拟不同的情境和参数设置，可以观察区块链技术对信息共享行为的具体影响，以及不同因素如何影响信息共享的效率和效果。第四，基于仿真分析的结果，进一步优化信息共享策略，提出有针对性的对策建议，有助于企业网络中的组织更好地实施信息共享，提高网络治理的效率和效果。

1.3.1.3 数值模拟仿真分析

数值模拟仿真方法依托于电子计算机软件，通过数值与图像显示的方法来模拟和分析复杂系统的行为，以实现对复杂问题的研究。通过将数学模型转化为可计算的数值问题，并结合图像显示技术，使研究者能够直观地观察和理解复杂现象。本书借助 MATLAB2021a 软件，并依托于演化博弈模型的复制动态方程，模拟企业在不同策略选择下的行为和互动。本书的模拟仿真不仅提供了一种可视化的方法来展示这些因素如何相互作用，而且还能够识别出影响组织信息共享的关键因素。通过分析模拟结果，更好地理解在现实世界中促进或阻碍信息共享的各种因素，从而为基于区块链技术的企业网络信息共享提供更为深入的见解。此外，数值模拟仿真方法的应用还能够帮助我们探索不同的策略和建议，以优化信息共享过程。例如，通过模拟不同的激励机制或信任建立举措，评估它们对信息共享效率的影响，并找到最有效的方法来促进企业间的合作。将数值模拟仿真方法和 MATLAB 软件结合，为研究企业网络信息共享问题提供了一种高效、直观的手段，有助于理解信息共享的内在机制，并为基于区块链的企业网络信息共享策略的制定提供了科学依据。

1.3.1.4　偏最小二乘法结构方程模型（PLS-SEM）

结构方程模型（SEM）是一种多变量统计分析技术，它允许研究者同时测试多个变量之间的关系，并评估测量模型和结构模型的拟合度。在结构方程模型的两大分支中，基于协方差分析的结构方程（Covariance - Based SEM，CB - SEM）和偏最小二乘法结构方程（Partial Least Squares SEM，PLS-SEM）各有其特点和适用场景。基于协方差分析的结构方程通常用于所构建的研究模型具有先验性的理论作为基础，其重点在于评估模型的整体拟合度和变量间的多重相关性。这种方法适用于已有成熟理论框架的研究，可以利用大样本数据来检验模型假设的有效性。CB-SEM 的优势在于其能够提供模型整体的拟合度指标，从而对模型的全局特性进行评价。与 CB-SEM 不同，PLS-SEM 更适用于预测导向的模型、复杂的理论构建以及样本量较小的情况。PLS-SEM 的一个显著优势是它对样本量的要求相对较低，这使它在数据收集成本较高或样本难以获得的情况下特别有用。此外，PLS-SEM 在处理非正态分布数据和形成性指标方面也显示出较好的适应性（Hair et al.，2019）。本书考虑到样本量的限制和模型的预测需求，选择采用 PLS-SEM 作为主要的分析方法。为了确保分析的准确性和可靠性，本书将使用 SmartPLS 和 SPSS 等先进的数理统计工具对收集的问卷数据进行分析，对研究假设中的各个关系进行检验，评估变量之间的直接影响和间接影响，以及潜在的中介效应和调节效应。此外，本书还将对模型的预测能力进行评估，确保研究结果的实用性和有效性。

1.3.1.5　层次回归方法

多层次回归模型是一种强大的统计分析工具，它能够处理数据结构中的层次性问题，并且允许研究者检验变量之间的复杂关系，如中介效应、调节效应以及有调节的中介效应。本书运用 SPSS 26 详细分析区块链技术的分布式共识和自动可执行对组织间协调的影响、组织间信任的调节作用，以及联合协作规划对"分布式共识（自动可执行）—组织间信任—组织间协调"中介作用的调节效应，为促进企业网络内组织间协调的途径和具体措施提供依据。本书旨在为促进企业网络内组织间协调的途径和具体措施提供科学依据。随着区块链技术的不断发展和应用，研究结论将有助于企业和政策制定者更好地利用区块链技术，优化组织间的协调机制，提高整个企业网络的运作效率和竞争力。

1.3.2 研究思路

本书一共分 3 个模块 11 个步骤，旨在全面深入地探讨区块链技术在企业网络治理中的应用及其潜在影响。研究开始前进行广泛的文献分析和相关调查。笔者将通过这一步骤建立起研究的理论基础，明确研究的出发点和落脚点。这包括对区块链技术与企业网络治理相关概念的界定，以及对当前该领域研究进展的梳理，特别是对研究中的不足之处进行深入分析。模块 1 分为 3 个步骤为企业网络治理的现实困境与破解机制。首先，识别企业网络存在的主要治理困境，并对治理困境进行明晰。其次，在识别了治理困境之后，分析区块链技术的基本特征，探讨区块链技术如何作为一种潜在的解决方案，来破解企业网络治理中的问题，并探究其作用机理。模块 2 为基于区块链技术的企业网络治理研究。首先，构建基于区块链技术的企业网络信息共享的演化博弈模型并进行仿真模拟。其次，构建基于区块链技术的企业网络机会主义行为治理的概念模型，并实证分析基于区块链的企业网络机会主义行为治理的概念模型。这将涉及对机会主义行为的识别、区块链技术如何抑制这种行为的机制分析。最后，构建基于区块链技术的企业网络组织间协调治理的概念模型，并实证分析基于区块链技术的协调治理概念模型。这将包括对组织间协调障碍的识别，以及区块链技术如何促进更有效的协调机制的形成。模块 3 在前两个模块的基础上，将提供企业网络治理的对策建议。对策建议的提出基于实证分析结果，旨在为实践者和决策者提供可行的指导，帮助其更好地利用区块链技术优化企业网络治理。技术路线如图 1-2 所示。

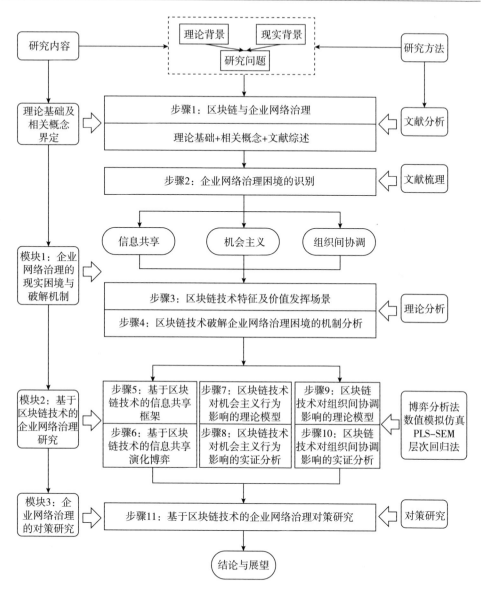

图 1-2 技术路线

1.4 创新点

本书基于技术治理理论、网络治理理论、信息共享理论、交易成本理论以及社会交换理论，根据现有文献研究和实践经验，探讨了区块链技术的不同维度对企业网络信息共享、机会主义行为以及组织间协调的影响。本书的创新之处有以下三点：

（1）突破区块链技术研究的技术局限，拓展区块链技术的应用场景。现有关于区块链技术的理论研究集中于技术层面，忽略了区块链技术的本质是对现有制度内部缺陷进行治理与修正的体现，对区块链的治理研究不够聚焦与完善。因此，本书创新性地从区块链技术的本质出发，从技术功能、理论视角、实践应用等方面厘清区块链技术的治理属性，为区块链技术赋能网络治理提供了理论依据，拓宽了区块链技术的理论研究视角，实现区块链技术的价值外延，并助推区块链技术脱虚向实，加速区块链的落地实践，从而为区块链技术提供新的研究视角。

（2）构建基于区块链技术的信息共享框架，阐明区块链技术破解信息共享困境的治理逻辑。面对人们越来越关注的数据流动、要素流通等信息共享问题，已有研究尚未取得突破性进展。为了解决企业网络亟须破解的"信息孤岛"难题，本书创新性地构建基于双层区块链技术的企业网络信息共享框架，在此基础上构建演化博弈模型，研究区块链技术对企业网络信息共享的影响机理，阐明了区块链技术破解信息共享困境的治理逻辑，从而突出了区块链技术的治理作用。研究结论为破解"信息孤岛"、实现数据流动、促进企业网络的信息共享有序运行提供了可操作性的指导建议。

（3）厘清区块链技术消除企业网络机会主义风险、协调障碍的作用机理。现行企业网络中机会主义行为和协调治理手段大多基于关系治理、契约治理，然而传统治理手段难以有效遏制数字时代复杂多变的机会主义行为。因此，本书创新性地利用区块链技术的特性，即分布式共识与自动可执行，构建了区块链技术（分布式共识和自动可执行）和治理机制（契约治理和关系治理）的交互效应模型，以及区块链技术与组织间协调关系的理论模型，厘清了区块链技术对机会主义行为治理和协调治理的影响机理，有效解决了当下企业网络治理面临的困境与桎梏，并实现了对现有治理手段的补充与完善。一方面验证了区块链技术对企业网络治理的影响机理，为破解中国企业面临的困境提供新的思路；另一方面拓展了治理机制与治理效应的研究深度，丰富了网络治理理论，为网链良性互构提供了新的管理思维和实践指导。

第 2 章　理论基础与文献综述

　　本章对理论基础进行梳理，并对已有相关文献进行归纳综述，提出了当前企业网络治理的不足。基于研究内容将技术治理理论、网络治理理论、信息共享理论、交易成本理论以及社会交换理论作为研究的理论基础。文献综述方面主要从企业网络治理、信息共享、机会主义行为、组织间协调以及区块链治理 5 个方面对区块链技术与企业网络治理进行研究综述。本章旨在厘清目前区块链技术与企业网络治理的研究进展，并对当前研究不足进行归纳总结，从而为后续章节奠定基础。

2.1　理论基础

2.1.1　技术治理理论

　　在数字经济时代，技术治理已经成为社会运行过程中的一种普遍现象（刘永谋，2019）。这一现象的出现，标志着信息技术在社会治理中的核心作用日益凸显。技术治理理论的核心思想是将信息技术应用于社会活动与组织管理中，借助数字技术的力量，推动社会治理活动的高效运行，实现成本最小化和利益最大化，提高整个社会运行的效率。

　　刘永谋（2019）提出的"科学运行原则"和"专家政治原则"是技术治理理论的基石。科学运行原则强调技术治理必须基于科学的决策和方法，确保治理过程的合理性和有效性。专家政治原则强调专业人才在治理过程中的关键作用，通过专家的专业知识和经验，提高治理的质量和效果。这两个原则共同构成了技术治理的理论基础，为技术治理的实践提供了指导。张群洪等（2010）的研究进一步细化了技术治理在组织间关系中的应用。通过分析组织间信息系统的正式性、集中性、系统集成等技术特性，揭示了技术治理在组织间关系治理中的重要性。研究表明，技术治理主要是将技术应用于企业网络，实现组织间关系的治理，提高组织间的协作效率和治理效果。Mohr 等（1996）则从信息技术的角度出发，探讨了组织间信息系统在治理组织间关系中的作用。他们提出，通过组织间信息系统能有效对组织间关系进行控制与管理，提升治理效果。这一观点为信息技术在组织间治理中的应用提供了理论支持。

随着信息技术的不断发展，学者开始更加深入地探讨信息技术在解决企业网络中的治理问题上的作用。Chen 等（2023）指出，信息技术的力量可以用来解决企业网络中的治理问题。通过将各种信息技术、数字技术应用于网络组织中，可以促进组织治理的发展，实现跨组织边界的交流与沟通。在数字经济背景下，企业越来越注重利用数字技术重塑客户价值主张，并转变其战略和运营模式。Li 等（2016）的研究强调了企业在数字时代寻求商机的过程中，如何通过采用数字技术与外部利益相关者进行更多的互动。例如，区块链技术的应用可以实现技术信任和降低组织交互成本，大数据的实施有助于充分共享数据，而云计算技术则可以实现网络资源的自动管理和配置，提高资源的利用效率。

技术治理理论的应用不局限于组织内部治理，也涵盖了组织间治理的多个层面。在组织间治理中，信息技术的应用可以促进组织间的信息共享、协同工作和资源整合，提高组织间的协作效率和治理效果。例如，通过建立统一的信息平台，组织间可以实现信息的实时共享和快速响应，提高决策的效率和准确性。通过采用先进的数据分析技术，组织间可以更好地识别和应对各种风险与挑战，提高治理的预见性和适应性。此外，技术治理理论还强调了技术与治理的融合。在技术治理的过程中，不仅要关注技术的应用，还要关注治理的机制和方法。将技术与治理结合，可以更好地发挥技术的优势，提高治理的质量和效果。例如，通过建立基于技术的治理机制，可以实现对组织行为的实时监控和评估，及时发现和纠正问题，提高治理的透明度和公正性。

在实践中，技术治理理论的应用需要考虑多种因素，包括技术的选择、治理的模式、组织的文化等。不同的组织和行业可能需要采用不同的技术治理策略和方法。因此，本书将技术治理理论作为理论依据，在已有网络治理相关研究框架中嵌入技术手段，构建起本书的初始框架。这一框架不仅考虑了技术治理在组织内部的应用，也涵盖了组织间治理的多个层面，包括但不限于信息技术在组织间沟通、协作、资源配置和风险管理中的应用。通过这一框架，本书旨在深入探讨技术治理在数字经济时代网络治理中的实践效果和潜在价值。本书将分析技术治理在不同组织和行业中的具体应用，评估其对组织治理效率和效果的影响，探讨技术治理面临的挑战和机遇。此外，本书还将探讨如何优化技术治理的策略和方法，提高技术治理的适应性和有效性，为相关领域的研究和实践提供理论支持与指导。

因此，技术治理理论为数字经济时代的社会治理提供了新的视角和方法。通过将信息技术应用于社会活动和组织管理中，可以提高治理的效率和效果，促进社会和组织的可持续发展。本书将基于技术治理理论，深入探讨其在企业网络治理中的应用和价值，为推动数字经济时代的社会治理创新提供理论和实践的参考。

2.1.2 网络治理理论

社会网络理论与治理理论等理论相结合形成的网络治理理论，主要涉及对网络型组织的治理。网络治理理论具有不同的视角，分为经济学、组织学和社会学理论视角。网络治理理论的经济学视角主要结合交易成本经济学理论，指出关系契约是市场与层级之间替代治理形式的基础，强调关系契约在市场与层级之间的替代作用。这种视角认为，网络治理的出现和发展依赖于四个条件：不确定性、资产专用性、任务复杂性和交易频率。不确定性指的是交易环境中的不可预测性；资产专用性指的是为支持特定交易而进行的耐久性投入；任务复杂性指的是交易过程中涉及的任务复杂程度；交易频率则是指在一定时间内交易发生的频次。这些条件共同作用，影响着网络治理结构的形成和效果。组织学视角下的网络治理理论则结合了代理理论、管理理论、权变理论和利益相关者理论。这一视角强调通过监测和控制模式来实现组织和网络利益之间的平衡。例如，Wincent等（2013）指出，组织可以通过采用不同的治理机制来实现网络治理，这些机制包括但不限于监督、激励和契约设计等。Sivalingam（2010）则研究了如何通过管理方法来克服现有治理结构的缺陷，以提高网络治理的效率和效果。而社会学视角下的网络治理理论则侧重于社会机制在网络治理中的作用。关系嵌入等社会机制能够推动网络内成员之间的协调与沟通。这种观点认为，社会资本、信任和规范等社会因素对于网络治理的成功至关重要。通过建立和维护这些社会机制，可以促进网络成员之间的合作，降低交易成本，提高网络的整体效率（冯华和李君翊，2019）。网络治理理论的应用不限于理论层面，它还对实践具有重要的指导意义。在实际的网络型组织治理中，组织需要综合考虑经济学、组织学和社会学的视角，设计合适的治理结构和机制。例如，组织可以通过灵活的契约安排来应对不确定性，通过投资专用资产来强化合作伙伴的承诺，通过简化任务流程来降低复杂性，以及通过增加交易频率来提高网络的响应速度。

网络治理理论涉及组织内的网络治理，即公司内部的股东、员工之间等的治理安排；以及组织外的网络治理，即公司与外部利益相关者通过契约所构成的网络的治理安排。基于网络治理的内涵，正式或非正式的组织和个体通过经济合约（Jones et al.，1997），主要使用治理机制和协作结构来分配资源，并协调和控制整个网络的联合行动（Provan & Kenis，2008），从而实现协调、保障和共享的网络治理目标。由此可以看出，网络治理具有治理结构（协作结构）和治理机制（网络中的协调任务）两个相关维度。其中，治理结构有三种类型：共享治理网络，即每位网络成员负责决策和管理；领导组织治理网络，领导组织即负责网络管理的核心组织；网络管理组织治理网络，即创建一个独立的网络实体来管理网络（Provan & Kenis，2008；彭正银等，2013）。

网络治理机制是组织间协作和协调的关键工具，它构成了组织内或组织间互动的基础。网络治理机制可以广义地分为正式和非正式两大类，每种类型都有其特点和作用。一些学者将网络治理机制定义为将组织间关系正式转化为合同协议（Grandori & Soda，1995）。正式机制包括正式形成合同规则和协议（Lin et al.，2012；Wang et al.，2018），为组织间的合作提供了明确的法律框架和操作准则。正式机制通过明确的条款和条件，帮助组织界定权利和义务，减少潜在的冲突，并为解决可能出现的争议提供了依据。与正式机制相对的是非正式机制，其更多地依赖于社会规范、信任和关系。网络治理机制的早期研究提出了联盟的概念（Das & Teng，2002），确定了三种非正式机制，即互惠、社会制裁和宏观文化。互惠是基于相互给予和回报的期望，社会制裁则涉及违反非正式规则时的社会惩罚，而宏观文化则是指共享的价值观和信仰体系，它们共同影响着组织行为。在后续研究中，Granovetter（1992）将关系嵌入作为非正式治理机制，假设组织行为受到二元关系（关系嵌入）和整个关系网络结构（结构嵌入）的影响。关系嵌入强调了组织行为受到特定二元关系的影响，如信任和亲密度；而结构嵌入则关注整个网络的结构特性，如网络密度和中心性。这两种嵌入方式共同作用于组织行为，影响着网络治理的效果。随着研究的深入，非正式机制的重要性日益凸显，它们能够促进组织间的默契合作，降低交易成本，并在缺乏正式合同的情况下提供合作的基础。非正式机制的灵活性和适应性使其在快速变化的市场环境中尤为重要，其能够迅速响应外部变化，调整组织间的互动方式。

网络治理的成功往往依赖于正式和非正式机制的结合，正式机制提供了稳定性和可预测性，而非正式机制则增强了合作的灵活性和深度。组织需要根据具体情况，平衡这两种机制的使用，以实现有效的网络治理。通过这种方式，组织能够更好地管理复杂的网络关系，提高网络的整体性能和竞争力。

因此，本书结合现实与理论的需要，将网络治理理论作为基础理论，将区块链技术引入网络治理中，实现网络治理理论的应用与丰富。

2.1.3 信息共享理论

信息共享理论提供了对促进和影响组织之间信息交换因素的理解。组织文化、共享工具、收益以及个人因素可以影响人们对信息共享的态度（Constant et al.，1994）。组织间信息共享受到多种因素的影响，只有将多种因素结合起来，才能够将信息交换与其他类型的交换区分开来，因此需要一种特殊理论。

第一种因素与理性的自我利益有关，即组织的经济因素。Constant 等（1994）认为，组织出于自身利益的考虑，在权衡共享收益与共享成本的情况下做出决策（Wan et al.，2020），即"组织为什么要分享信息，对组织有什么好处"，这构成了信息共享的经济决定因素。虽然这些已经包含在最初的交易成本理论中，但该理论并没有考虑具体的信息共享收益（Zaheer & Trkman，2017）。

第二种因素与组织所处的环境、态度有关（Lee et al.，2014），如互惠、期望等。Constant 等（1994）认为，信息共享类似于一种社会交流，组织所处的背景因素会影响这种共享"态度"，即当一个组织对信息共享的期望越大时，越愿意进行分享，或者当组织对合作伙伴满意时，组织便愿意与其分享信息。因此，基于合作满意度和经验等因素形成的社会态度也在共享信息意愿的形成中发挥作用。这些因素构成了信息共享的社会心理因素。因此，信息共享理论被认为是信息和知识共享的坚实基础。

第三种因素与共享手段有关，即"如何共享"，指的是组织间信息共享的方式、手段（Kembro et al.，2014）。例如，通过第三方中介促进网络中多方之间的信息共享，或者两个或多个组织之间签订共享信息的法律合同，通过正式的合约规定指导信息共享。此外，组织间面对面的沟通、电子邮件、组织间信息系统等都是实现信息共享的工具。因此，工具的使用是促成组织间信息共享的关键要素。

第四种因素与共享治理有关，即"管理与控制共享风险"（Tran et al.，2016）。组织在信息共享过程中会遭遇一系列挑战和安全风险，如信息泄露、虚假信息等，致使组织通常不愿意透露真实或完整的信息。因此，对信息共享安全性的保障和风险的控制决定了共享数据的态度、意愿和能力，这些构成了信息共享的治理因素。

本书中所考虑的组织间信息共享是指各方从传输和交易信息的过程中获利且能够保障信息隐私安全，并落实信息所有权和进行价值保障的数据流通过程。通过识别影响信息共享意愿的经济、社会、管理因素来扩展信息共享理论，并促进组织共享信息。因此，本书结合现实与理论的需要，借鉴 Zaheer 和 Trkamn（2017）的做法，将信息共享理论遴选为理论依据。

2.1.4　交易成本理论

交易成本理论涉及对经济交易活动的治理（Williamson，1979），经济交易产生的成本在不同的生产协调模式下可能有所不同（Coase，1995）。交易成本理论提出了两个主要假设：第一个假设为有限理性，即组织或个人由于有限的时间或精力而无法完全处理所有可用的市场信息；第二个假设为机会主义，即组织或个人追求自私行为（Williamson，1979）。在具有高度有限理性和机会主义的情形下，组织必须认真地监测和控制市场交易，以减少机会主义行为。其中，减轻机会主义风险的一种方法是建立正式合同，保护专用资产的投资（Williamson，1979）。另外，合同也可以作为广泛的框架，为组织间交易的事后调整留有余地（Ménard & Valceschini，2005）。因此，交易成本理论有助于解释企业网络为什么需要治理，以及如何治理。

交易成本理论关注组织间治理，包括对潜在的机会主义和参与者有限理性的治理。在交易成本理论框架内，Williamson 确定了三个维度——资产特异性、交易频率和不确定性，以确定企业在市场中所需的交易成本水平。不确定性指"战略性地不披露、掩饰或歪曲信息"，可归因于机会主义。交易成本理论认为，机会主义行为会限制合作伙伴与其他合作伙伴充分合作的意愿，此时可通过完整的合同来控制。通过具体规定什么是允许的、什么是不允许的，并通过合同控制功能对违反这些合同的合伙人施加惩罚。因此，合同契约可以保护专用性投资免受因不确定性引发的机会主义行为的影响，组织间的大多数控制问题都可以通过合同得到解决。

另外，交易成本理论认为，当企业采用信息技术协调组织间活动时，能够降低外部协调成本，从而提高企业经济价值。因此，交易成本理论可以解释信息技术与组织间协调治理之间的关系。区块链技术作为一种前沿的信息技术，具有去中心化、不可篡改和透明性的特点，这些特点使其在降低交易成本方面具有巨大潜力。区块链技术通过提供一个共享的、不可更改的账本，可以简化交易流程，减少对中介的依赖，降低监督和验证成本。此外，智能合约的自动执行功能可以进一步降低合同执行过程中的协调成本和违约风险。本书将交易成本理论作为分析区块链技术对企业网络协调治理影响的理论基础。通过使用交易成本理论来解释区块链技术与组织间协调的关系，探讨区块链技术如何通过减少信息不对称、减少监督需求和应用自动化合同执行来降低组织间的协调成本。此外，本书还考虑机会主义行为对协调成本的影响，以及区块链技术如何通过提高透明度和可追溯性来抑制这种机会主义行为。将契约治理的概念纳入本书研究中，探讨区块链技术如何影响组织间契约的设计和执行。

因此，本书使用交易成本理论来解释区块链技术与组织间协调的关系是合适的。

2.1.5　社会交换理论

社会交换理论是一种社会学和管理学理论，借鉴了经济学和行为心理学的视角来解释组织和个人之间的行为模式。Blau（1964）是第一个使用"社会交换理论"一词来描述社会互动的学者，其中，参与这种互动的人或组织相信其能够从中获得经济利益或社会利益。社会交换理论通常假设社会行为是一系列的交换，个人应尽最大努力实现利益最大化，尤其当个人从他人那里获得有益的东西时，个人就有义务进行回报（Emerson，1981）。此时的社会交换理论强调了在社会交换中，个体和组织之间的互惠性原则。Emerson认为，当一方从另一方那里获得利益时，应有回报的义务，这种互惠性是社会交换关系能够持续和稳定的关键。社会交换的分析单位是交换参与者之间的关系，这些参与者可以是个人也可以是组织。交换的内容不仅限于物质资源，更包括无形资源，如尊重、知识、信息、地位和声誉等（Liao，2008）。

社会交换理论对管理学的主要贡献在于其发现合作伙伴之间相互依赖的重要性，相互依赖对于维持良好的社会交换关系至关重要。这种相互依赖性被认为是维持良好社会交换关系的重要因素。在组织层面，相互依赖性表现在资源、信息、技术等方面的互补和共享上，有助于组织间建立长期稳定的合作关系。目前的相关研究大多基于 Homans（1958）提出的"交换行为主义"和 Blau（1964）提出的"交换价值主义"的思想。Homans 引起了人们对个别公司内部或合作伙伴之间交换行为的关注，在这方面，交换的物品既可以是有形的，也可以是无形的。Blau 随后将此扩展至组织间互动，认为组织间的社会互动具有可以交换的价值。"交换行为主义"和"交换价值主义"两种观点的结合为讨论合作伙伴关系治理奠定了基础理论。这种理论框架强调了在合作伙伴关系中，交换不仅是交易的过程，更是一种建立和维护关系的手段。在这种关系中，信任、承诺和满意度等无形资产的交换对于关系的长期发展至关重要。随着社会交换理论的不断发展，研究者开始关注更多影响社会交换的因素，如权力、文化和网络结构等。权力差异可能会影响交换的公平性，文化背景可能会影响交换的规则和期望，而网络结构则可能影响交换的机会和效率。这些因素共同作用于社会交换的过程，影响着交换的结果和质量。

社会交换理论描述两个或两个以上合作伙伴之间的行为互动，以及这些行为互动如何强化对方的行为。合作双方将进行相互交流，并相信这种交流将给彼此带来好处。Li 等（2022）表示，合作双方进行交换需要有诸多条件，如沟通、文化相似性、互动频率和关系持续时间。根据社会交换理论，交换被认为是合作的基础，合作各方需要遵循交换规则，否则将受到社会关系的惩罚。因此，社会交换理论在企业网络的控制和治理中发挥着重要作用。而企业网络组织间的互动可以被视为具有典型社会交换特征的管理活动，通过信任、承诺、互惠、权力等社会交换变量（Wu et al.，2014），可以协调复杂的组织间活动并最大限度地减少合作伙伴的机会主义行为。换句话说，通过社会交换变量，组织能够更容易地防范机会主义行为，降低不确定性风险，促进信息共享，并有利于实现组织间协调。此外，社会交换理论也为理解组织内部的治理机制提供了新的视角。在组织内部，员工之间的社会交换不仅涉及物质利益的交换，还包括知识、技能和情感支持等无形资源的交换。这种内部的社会交换有助于建立团队精神，提高员工的工作满意度和强化组织承诺。

区块链技术作为一种新兴的信息技术，在企业管理和组织间协作中展现出独特的治理潜力，分布式共识机制能够使其有效地管理组织间的交换过程，并对参与方的行为进行规范。这种技术通过其透明性、不可篡改性和去中心化的特性，为组织间的信任建立和信息共享提供了新的解决方案。本书聚焦于区块链技术对信息共享、机会主义行为和组织间协调的治理效应。在这一背景下，社会交换理论为理解区块链技术如何影响企业网络中的治理奠定理论基础。社会交换理论强调关系治理和组织间信任等社会交换变量的重要性，这些变量在区块链技术的应用中发挥着关键作用。区块链技术通过提供一个安全、可靠的信息共享平台，促进了组织间的透明度和信任建立。这种技术能够减少信息不对称，降低机会主义行为的风险，从而增强组织间的合作意愿。同时，区块链的智能合约功能可以自动执行协议条款，提高协调效率，减少交易成本。区块链技术的引入还能够促进组织间的信任建立，加强关系治理。在企业网络中，信任是合作的基础，而区块链技术通过确保交易的可追溯性和责任明确，有助于构建和维护这种信任。关系治理涉及组织间如何通过规则、沟通和协调来管理成员的互动关系，区块链技术为实现这一目标提供了一种新的机制。

综上所述，社会交换理论不仅为区块链技术在企业网络治理中的应用提供了理论支持，还为理解和分析区块链技术如何影响组织间互动提供了有价值的视角。通过将社会交换理论应用于区块链技术的应用研究，可以更深入地探索这一技术在促进信息共享、减少机会主义行为和提高协调效率方面的潜力。

2.2　国内外文献综述

2.2.1　企业网络治理的相关研究

2.2.1.1　企业网络的内涵界定

20 世纪 70 年代以来，新兴的信息技术、物流手段以及有利的国家监管和政策帮助组织业务跨越了组织的边界，网络作为一种隐喻出现在文献中，描述了延伸到组织边界之外的生产和服务价值链。因此，社会学、制度经济学等领域的学者开始研究混合型组织形式，组织形态逐渐发展为网络组织（林润辉和李维安，

2000）。但是大量与网络相关的研究并没有对网络组织的定义给予充分的解释。从各种组成形态来看，节点和连线构成网络的基本元素，实践中根据节点的属性、连线的性质进行网络区别。因此，网络组织领域出现了许多相似概念，如组织间网络、产业集群、联盟网络、创新网络等。

　　企业网络的概念来源于 Williamson（1979）的交易成本经济学，分析的重点是市场和科层制度之间的权衡，提出了混合组织形式的概念。而后 Thorelli（1986）、Powell（1990）等沿着企业网络的方向对该概念进行了拓展，其在社会学和管理科学中得到广泛应用。进一步地，罗仲伟和罗美娟（2001）认为，企业网络是以资源的联合和共同的集体目标为基本特征的组织模式。部分学者基于结网动因，认为企业网络是长期的、有目标的组织间业务关系的集合，以保持企业可持续的竞争优势（Thorelli，1986）。Ménard 和 Valceschini（2005）认为，企业网络的研究重点是合作伙伴如何协调，以最大限度地降低成本，并通过信号、服务等的获取或市场开发来创造价值。随着外部环境的不断变化，学者从不同学科及理论视角对企业网络的概念及内涵进行界定（林润辉和李维安，2000）。从学科视角来看，主要集中于经济学、管理学、社会学以及系统科学等，而相关理论视角包括交易成本理论、资源基础观和社会网络理论以及协同理论和制度理论等。自 20 世纪 80 年代该概念被提出以来，学者不断进行研究，使企业网络的内涵不断丰富与完善。因此，本书结合已有研究中不同学者的界定，认为企业网络是以企业为主体，面对数字经济时代的不确定性、任务复杂性和企业自身资源有限性的困局，为了降低交易成本、创造更大价值并保持持续竞争优势而通过契约或关系等方式连接形成的促进企业之间互利共赢、共享技术和信息的中间型组织。

2.2.1.2　企业网络治理界定

　　从字面意思来看，"治"就是变害为利、破旧立新，达到有秩序、安定的状态；"理"就是遵从规律、理顺关系，意味着主体之间的博弈，形成制度。治理指的是一种由共同目标支撑的，通过原则、规范、法律等制度安排使不同利益问题得以协调并使各方联合行动的活动。可以看出，治理是指利用规则和制度来构建和约束组织间的关系。治理在创建与维持企业网络中发挥着关键作用，因为它影响合作伙伴参与创造计划的意愿与能力。治理包括参与者为分配决策权、管理共享资源、制定协调和解决分歧的机制而进行的安排（Provan & Kenis.，2008；孙国强，2004），其中，治理可以从主要的战略活动（Markus & Bui，2012）扩展到一组管理过程。本书所涉及的治理包括战略、战术和操作方面的努力。

Williamson（1979）将治理等同于治理结构，认为治理的主要功能在于降低交易风险，保护交易双方的利益。随着企业网络成为经济活动的主体，网络治理作为一种不同于科层治理和市场治理的新治理形式，进入大批学者的研究视野。依据网络治理的属性不同，研究分为两条路线（李维安等，2014），一是将网络作为治理工具，利用网络的形式进行企业治理。组织基于联盟、合作社等网络形式，通过创造关系租金或降低代理成本实现竞争优势（Powell，1990）。二是将网络视为治理对象，对网络组织进行治理，其治理目标在于通过治理机制等手段抑制网络成员利用信息不对称和不完备契约实施机会主义行为（Huo et al.，2016；孙国强，2004），以及调节成员间的利益冲突等问题，实现网络的协同性和稳定性。

综观网络治理相关文献，大多数学者将研究集中于"对网络的治理"。原因在于，企业构建网络的目的是通过合作方式进行价值创造活动来实现互利。为了创造价值，网络合作伙伴汇集资源、确定要执行的任务，并决定分工（Dekker，2004），这导致合作伙伴执行任务时相互依存。然而，共享目标和资源的高风险感知可能会限制组织合作，从而对价值共创的过程产生负面影响（Håkansson & Snehota，1995）。同时，网络内的业务交互和相互依赖会带来更高的成本，这也会限制网络稳定与发展。特别是组织间关系的阴暗面——机会主义、冲突与不道德行为（Oliveira & Lumineau，2019）以及联盟伙伴间的分歧、信任等问题（刘向东和刘雨诗，2021）会导致合作伙伴之间的关系恶化（Huang et al.，2016），甚至引发合作终止和企业网络失败的风险（Bakker，2016）。Provan 和 Kenis（2008）提出，企业网络失败与不具备实现网络目标所需的协调能力和任务能力、缺乏相应的治理机制来抑制机会主义和维持成员间的信任相关联（Wang et al.，2021），无效的网络治理无法保证网络稳定与情感维持，是网络失败的根源（Moretti & Zirpoli，2016）。

因此，为了获得最佳的网络结果和解决网络内部普遍存在的机会主义、道德风险和利益冲突等隐患（Oliveira & Lumineau，2019），保障网络实现"1+1>2"的协同效应，一个至关重要的步骤就是对网络进行治理（孙国强，2004）。网络治理所需的结构和规则依靠相互影响的行为者的互动和协作来构建和执行（陈军和朱华友，2008）。企业网络中的节点被认为是利益相关者，因此，网络治理实际上是合作节点之间多向的互动治理，核心在于治理机制的设计，且以协同效应的实现为目标（Provan & Milward，2001）。基于此，彭正银（2002）将网络治理定义为，正式或非正式的组织通过经济契约的连接和社会关系的嵌入构成的以企业间的制度安排为核心的关系安排。由此可以看出，由企业间的关系或结构嵌入形成的企业网络，是网络治理的对象。同时，信息技术和治理机制作为治理手段，以实现网络内的协调和维护网络的整体功效、运作机能。

综上所述，企业网络治理就是指针对网络中企业合作所进行的一种制度设计，包括对企业的治理、对企业间关系的治理、对网络整体的治理以及对网络内容的治理。因此，本书结合已有学者的研究，将企业网络治理定义为相互独立的企业通过经济契约的连接和社会关系的嵌入方式，以企业间的制度和关系安排为手段，以实现企业网络协同目标和协调组织成员而进行的制度设计过程。

2.2.1.3 企业网络治理相关研究

网络治理是企业网络能否实现良性持续发展的关键，也是网络组织主要的任务之一。尽管网络治理的有效性已经得到很多学者的实证，但是随着数字化背景的转变、技术的冲击，当前治理手段落后导致网络治理有效性不足，甚至导致网络解体，因此，亟须不断地创新和整合网络治理方式。为了实现企业网络的有效治理，学者和从业者对企业网络的治理内容进行了分析。

（1）治理机制研究。大多数学者认为，治理机制保证了网络组织正常的运行秩序，在整个网络组织治理系统中居于核心地位，发挥主导作用，并且最终决定了网络治理的结果与效益（Carson et al.，2006）。治理机制在网络组织运行中通过行为规范与运行规则等起到协调与制约的作用，对网络治理产生效应。因此，网络组织治理的核心问题就是治理机制问题（孙国强，2004），企业网络治理主要靠治理机制发挥作用。

治理机制是保证网络组织有序运作、对合作伙伴的行为起到制约与调节作用的非正式的宏观行为规范和微观运行规则的综合（孙国强，2004）。其中，宏观机制主要指的是包括信任、文化、联合制裁和声誉等的社会机制，而微观机制主要包含创新、激励与约束、决策协调的运作机制。随着网络治理理论的发展，学者基于交易成本理论和社会交换理论，将网络治理机制分为契约治理机制和关系治理机制（Gulati et al.，2012）。其中，交易成本理论认为，交易双方存在有限理性与投机倾向，由此需要通过签订与执行正式、内容详尽的合同（契约治理）来控制交易风险、明确双方责任、抑制投机行为。与此相反，社会交换理论则强调，交易双方具有遵从社会行为规范的倾向，由此需要通过关系规范的约束

（关系治理）来维护网络合作关系、提高合作绩效。关于契约治理和关系治理这两种网络治理机制，已有研究探讨了其前因、后果以及二者的替代或互补关系（Poppo & Zenger，2002；Huang et al.，2014；Li et al.，2010）。

合同治理机制的强度通常以合同详尽性来衡量（Zhou & Poppo，2010）。一份详尽的合同以书面语言规定了与交易事项相关的条款内容，如交易数量、价格、质量、交付期限、绩效期望，合作双方的责任、义务，以及监督过程、争议解决方法等内容（Poppo & Zenger，2002）。加强合同治理，与合作伙伴签订详尽的合同，能够抑制企业间的投机行为，提高企业的合作绩效（Li et al.，2010）。除个别研究（Huang et al.，2014）之外，此前大多数的研究都表明，合同治理会抑制投机行为，提高企业的合作绩效（张闯等，2016）。这是因为，与合作伙伴签订详尽的合同，一方面，有助于签约双方相互监督，抑制潜在投机行为的发生；另一方面，有利于合作双方在合同洽谈过程中了解彼此的诉求、关注点和担忧，共同确定合作的目标、内容以及各自角色定位，在合同的执行过程中根据合同条款协商解决问题，降低交易成本，提高双方的协作水平与合作绩效。

关系治理机制建立在企业之间共同遵循的关系规范上（Zhou et al.，2015）。关系规范是合作双方经过长期重复合作与交易所达成的一种默契。一旦默契达成，双方就会产生较高的互信和互依水平，也会提高双方脱离合作关系的成本。此时，一方的投机行为不仅会伤害对方，也会由于打破了关系规范而损害自己的利益，关系规范一旦被破坏就很难恢复，企业之间的互依、互信和合作水平也会因此而下降。企业之间加强关系型治理，意味着合作双方会更加重视关系规范的构建和治理作用，一方面自觉地抑制己方的投机行为，另一方面以合作双方的共同利益为目标展开合作（Zhou et al.，2015）。此前的研究表明，关系型治理会抑制合作伙伴的投机行为，提高企业的合作绩效（Huang et al.，2014；Cao & Lumineau，2015）。

然而，在将契约治理机制作为前置因素的研究中，有学者强调契约治理的固有缺陷是过度依赖契约内容。当网络主体过度专注于契约对自身行为的引导与激励时，会对网络弹性与合作创新效率产生消极影响。不仅如此，随着契约规制效果的增强，契约的复杂程度会不断提升，而且新的契约协议内容可能会与原有契约产生违和甚至冲突，从而造成契约治理机制对网络效力的影响下降。

另外，期望产生绩效和关系治理机制可能会引发冲突和不满等（Oliveira & Lumineau，2019）。这种潜在的矛盾使组织间关系治理变得棘手起来。当交易风险较高时，特别是资产专用性高且绩效难以衡量时，关系治理将变得无效，甚至是随着时间的推移，长期合作的各方限制了企业寻找新伙伴的能力，长期的紧密合作容易受到组织间关系阴暗面的影响，重复的长期合作伙伴关系致使公司绩效降低。此外，关系治理机制难以构建和维护，耗时且费成本，信任难以建立，特别容易受到环境层面的影响，以及公司层面的制度、规模、领导者风格的差异的影响，使有效部署传统治理结构的难度加大（Van der Vaart et al.，2012）。

因此，关系治理机制和契约治理机制对网络的影响是不确定的，特别是在技术波动和数字转型等外部环境的影响下，传统治理机制对网络绩效的影响具有随机性。有学者认为，在市场规模较小、技术革新缓慢时，社会化的非正式关系是一种有效的网络治理机制；但当市场边界不断扩大、新技术不断涌现时，非正式关系的治理优势应该让位于基于正式关系的契约治理。

（2）组织间信息的共享与治理。信息共享是指企业网络内合作伙伴间以有效和高效的方式共享知识和信息，这有助于在网络合作创新中进行价值创造。以往研究表明，用于处理、存储和传播信息的通信基础设施将促进信息共享，从而提高绩效（Van der Vaart et al.，2012）。通信基础设施使合作伙伴之间能够交换大量信息（Sanders，2007），从而促进了"信息规划"和"联合改进"策略的实施。组织间信息交互平台的搭建能提高组织共享信息的意愿，促进数据交流和战略合作，特别是通过高水平的关系治理和虚拟集成可以提高组织间的信息可见性，从而带来更高的供应链灵活性和敏捷性（张涑贤等，2021；冯华等，2020）。然而，组织间有效信息共享的前提是：信息是及时、准确和完整的，即要求信息共享质量（Li et al.，2014），隐性信息的共享是组织间信息共享的重点和难点。通过已有研究可以看出，当前组织间的信息基础架构不够完善，缺少保障组织间信息安全与信息真实性的技术；网络主体的信息技术能力不一致，致使组织信息集成水平不强；组织间信息不对称问题没有根本解决，主体之间信息离散程度高且存在于各个环节中，"信息孤岛"问题严重，缺乏针对网络运行的有效的动态性监督体系及针对业务的实时跟踪体系。

（3）组织间机会主义行为治理。盛亚和王节祥（2013）指出，自利本性是机会主义行为产生的根本原因。节点企业为了保护自身的关键性资源，通常会施行防止信息泄露的措施，进行有保留的合作，然而却希望合作方能进行无保留的合作。这种自私行为最终致使企业之间的信任程度与关系强度降低，甚至导致合作关系破裂（朱礼龙，2007；张慧等，2020）。可以看出，合作伙伴的机会主义行为在降低合作效率的同时也会提高组织间交易成本，极大地影响网络运行绩效。另外，存在投机倾向的企业也会以牺牲集体利益为代价而为自身牟取私利，由此损害合作关系，激发合作者之间的矛盾与纠纷，有可能导致合作失败。因此，对机会主义行为的治理是企业网络发展中的一个关键问题。

已有研究主要基于交易成本理论、社会交换理论、资源依赖理论等探讨对组织间机会主义行为的抑制、引导。交易成本理论认为，鉴于合作方均存在有限理性与投机倾向，故而需要签订书面合同和执行正式规则以控制合作风险和抑制机会主义行为（卢亭宇等，2020）。详尽的合同和正式的规则以书面语言对合作事项进行明确界定，从而有效规范和约束企业行为（Zhou & Poppo，2010）。通过契约治理机制，能够抑制机会主义行为，提高企业合作绩效（Li et al.，2010；张闯等，2016）。而有的学者基于社会交换理论认为，网络组织治理中的契约主要是以信任为基础的隐含契约或心理契约（Gulati et al.，2012）。张喜征（2004）提出，信任机制可作为网络治理机制，并且可在网络治理中发挥黏合、协调的功能，因此，信任对网络组织的成功很重要（王永贵和刘菲，2019）。除信任机制外，关系规范即合作方通过长期积累的合作经验所形成的一种惯例和默契，将促使合作双方产生较高的互信水平（Zhou et al.，2015）。因此，关系规范不仅能够抑制投机行为，还会促进组织间的合作（Zhou et al.，2015；李靖华等，2020）。因此，关系治理机制将会抑制合作伙伴的机会主义行为，进而提升网络绩效（Huang et al.，2014；Cao & Lumineau，2015）。

然而，数字经济背景下的机会主义行为具有更高的技术隐蔽性和边界模糊性，传统治理手段难以有效遏制在技术波动和数字转型等外部环境影响下的机会主义行为（彭珍珍等，2020；吴晓波等，2022）。因此，有效遏制机会主义行为既是企业网络长续发展的关键，也是治理的痛点所在。

（4）组织间协调问题的治理研究。企业网络背景下，协调是有意、有序地协调或调整合作伙伴的行动，以实现共同确定的目标。协调旨在整合合作伙伴的努力，并以富有成效的方式调配其资源（Gulati et al.，2012）。而协调失败可能对整个网络产生不利的影响，如导致效率低下和延迟，并可能阻止合作伙伴实现特定的网络目标（Gurcaylilar-Yenidogan，2017；高丹雪和仲为国，2017）。最终，协调失败会导致网络伙伴怀疑合作的可行性，降低资源的使用效率并会增加额外的交易成本，不利于组织的经济绩效。已有研究表明，协调失败源于设计和实施协调机制的主体的认知局限，也源于潜在的文化差异以及现有结构、过程和资源的僵化。组织间协调失败不仅可以通过正式和明确的规则来避免，而且可以通过从广泛的社会机构（Nyland et al.，2017）或更多的行业、专业或组织机构派生出的非正式规范来避免（郭雪松和朱正威，2011）。第三方机构能够在合作伙伴之间进行协调，而无须太多直接的沟通或互动，因为它为共同化规则奠定了基础，并共同商定了网络中的价值观，如互惠、联合规划（Chwe，2001）。而通过增强组织间的沟通强度可以提高组织间协调能力，提高网络绩效。但过度沟通又可能导致网络陷入"共同短视"的困境，降低网络的探索能力，抑制网络产出。可以看出，组织间沟通对于组织间协调和网络绩效有利也有弊（赵良杰和宋波，2015）。而合作伙伴之间的相互学习会达到提高协调性的效果（Reuer & Arino，2007）。但组织间学习并不总是能带来更好的协调（Goerzen，2007；Hoang & Rothaermel，2005），合作伙伴不愿意放弃既定但不理想的组织间流程和例行程序（Levitt & March，1988；刘和东和陈文潇，2020）。特别是当外部环境发生变化时，组织间学习带来的僵化后果特别具有破坏性，此时需要新的正式结构和非正式程序（Zollo & Reuer，2010）。除此之外，Clemons 等（1993）认为，信息技术可以实现在不增加企业网络相关风险的同时降低协调成本，特别是通过建立数字基础设施促进资源在独立组织之间的共享，优化资源配置，从而提高网络治理的有效性（池毛毛等，2018；Fedorowicz et al.，2018）。

　　企业网络的复杂性在于它是由多个相互依赖的组织构成的一个松散耦合的系统。Busco 等（2008）指出，在这样的网络中，每个组织的行为不仅受到自身决策的影响，还受到网络中其他组织行为的影响。这种相互依存的特性意味着任何一个组织的战略决策或资源分配都可能使整个网络产生连锁反应。由于网络中存在多方之间的交换关系，一旦某个组织做出的策略决策不符合网络的整体利益，或者在资源分配的联合行动中出现偏颇，就可能导致网络的协调机制受损。更甚者，如果某个组织毁约或违规，不仅会伤害与其直接交易的合作伙伴，还可能因为信任的破裂和声誉的下降影响整个网络的稳定性和效率。这种由一方行为引起的网络中断，是企业网络治理中的一个痛点。它凸显了在松散耦合的网络中实现有效协调的难度。治理难点在于如何设计出既能促进组织间合作，又能防止个别组织行为对网络造成负面影响的治理机制。这要求企业网络中的每个组织不仅要关注自身的利益，还要考虑其行为对网络整体的影响，以及如何在追求自身利益的同时，保障促进网络的共同利益。

　　综上所述，学者和从业者都试图从各个角度研究企业网络治理：有些研究强调信息共享与治理的重要性,有些研究强调抑制机会主义的重要性,有些研究强调组织间协调的重要性,还有些研究探讨治理要素之间的组合关系。然而,随着数字化的发展、新技术的冲击,网络治理手段也应得到改进,以适应日新月异的环境变化。

2.2.2 信息共享的相关研究

2.2.2.1 信息共享的概念及内涵

企业网络由许多利益相关者组成,如供应商、制造商、研发方等。随着经济全球化的快速发展和市场竞争压力的增加,企业网络内部合作变得高度复杂,因此,为了有效地适应市场变化并保持竞争力,企业在提升核心竞争力的基础上,沿着合作与协作的方向努力,如外包、价值链发展和开放式创新。为了更好地管理和促进复杂企业网络中成员之间的信息共享,需要以质量体系、生产标准等形式打破各主体间的信息壁垒。然而,当前企业网络中仍然存在信息不对称问题,信息在合作伙伴之间没有得到完全共享。为了降低交易成本,信息共享被确定为一项重要战略。信息共享是指企业网络中的成员共享产品规格、产品状态、所有权、数据甚至环境影响等信息。然而,信息从合作开始到结束都在不断转变,信息量呈指数级增长。由于信息量很大,这可能会使企业对数据感到困惑,因为无法验证所得到信息的真实性。因此,需要更好的信息共享工具来打击欺诈、盗窃等行为。通过提供更多的信息并在合作伙伴成员之间共享,合作者可以在订购、生产计划和产能分配方面做出更好的决策,从而优化网络发展。信息共享在企业网络中起着关键作用,信息共享可以帮助企业降低总成本和提高预测能力等,从而实现自身利润最大化并提高网络绩效。鉴于信息是竞争优势的重要来源,因此,组织间信息共享可以增强每个组织的竞争力,并提高整个网络的竞争优势。企业网络中的组织间信息共享已成为研究重点(Wagner & Fearne,2015)。

关于组织间信息共享的定义,学者基于不同的学科角度对其内涵进行了阐述。一部分学者着眼于信息共享程度,如 Lee 等(2021)强调共享信息的强度、频率和开放性,即组织之间交换关键信息和专有信息的程度。企业网络中组织将有价值的信息转移或传播给其合作伙伴,可以增强信息流,快速响应不断变化的市场需求,帮助组织有效配置内外部资源以获取竞争优势,从而提高合作的效率及有效性,实现网络能力的提升(Jia & Zsidisin,2014)。另一部分学者则认为,组织间信息共享为组织与网络内其他成员共享战略和数据的意愿,代表了合作组织主动提供对合作有用信息的意愿。还有的学者则将信息共享定义为合作伙伴之间相互共享市场和商业信息的机制，其是组织降低不确定性、改善沟通和获得市场竞争优势的重要手段。在企业网络内组织间信息共享程度高的情况下，更有利于建立组织间共同的价值观，为有效利用治理机制奠定信息基础，此外，将信息共享作为机制还将有效解决组织间冲突，促进组织间协作（Eckerd & Sweeney，2018）。Wadhwa 和 Saxena（2007）则认为，信息共享涉及组织间数据、知识和战略的共享，尤其是战略信息的共享。在组织间合作过程中，可以分享与获取具有战略意义的信息，如企业战略和规划信息、顾客需求信息等（娄祝坤和黄妍杰，2019）。供应链网络中的信息共享是指合作成员之间共享产品规格、产品状态等内容，重点在于上下游组织在交易与合作过程中产品、物流等信息的沟通与传递（Wan et al.，2020）。因此，为了简化术语并避免混淆，本书将企业网络中的信息共享定义为企业网络中数据、信息和知识在组织间的交换。

2.2.2.2　信息共享治理的相关研究

（1）信息共享的结果与手段。信息共享在提高组织绩效方面发挥着重要的作用（Ganesh et al.，2014）。根据 Nyaga 等（2010）研究，组织间信息共享会带来信任和承诺，从而提高网络绩效。具体而言，信息共享有助于协调各种流程，并强化组织间的规划和决策过程从而创造价值。有效的信息共享可以帮助组织主动应对外部环境的变化，并指导组织战略性地管理这些变化。尤其在供应链网络中，信息共享可以提高市场需求信息的准确性，使制造商减少了产品设计和生产计划时间，减轻库存压力，从而更好地响应零售商需求，优化工序匹配，从而提高供应链运营绩效（Yang et al.，2022）。例如，戴尔公司通过互联网与其合作者共享市场需求和库存信息，获得了较高的响应能力和效率优势，提升了网络的整体绩效。信息共享还有助于降低成本，实时的信息共享能够提高网络的可见性，有助于减弱"牛鞭效应"，降低成本（李剑等，2021）。

信息共享手段很多，如面对面的联系、电话和传真以及电子邮件、电子数据交换等（Rai et al.，2012；简兆权等，2018）。使用互联网技术可以促进网络组织之间信息的共享，如通过网络技术实现网络参与者活动数据的集中存储，从而实现组织间的信息共享（邓卫华等，2009）。可以看出，信息技术显著增强了整个网络的信息共享能力。

（2）信息共享治理研究。尽管组织间信息共享具有价值，但是信息共享与某些风险和成本有关，从而会阻碍组织与其合作伙伴共享信息，尤其是战略信息的共享。为什么组织不愿意共享信息？一些研究已经研究了各种因素对网络合作伙伴之间信息共享的影响。例如，Kembro 等（2014）确定了进行供应链信息共享的几个障碍，包括供应链关系薄弱、缺乏信任、缺乏共享标准、对隐私的担忧以及技术问题。网络中的各个组织倾向于保护专有信息，避免分享有价值的信息和专有知识而失去竞争优势和议价能力（Uzzi & Lancaster，2003）。一部分组织鉴于感知到的复杂性、风险和成本，对组织间信息共享持怀疑甚至抵触态度（Kembro et al.，Näslund，2014）。因此，为了更好地管理和促进复杂企业网络中组织成员之间的信息共享，需要克服障碍，对信息共享进行治理，以更好地实现信息共享。

为了实现组织间信息共享，现有文献做出了诸多研究。例如，组织的结构资本为信息流动提供了渠道，并使组织具有资源交换和获取有价值信息的潜力（Li et al.，2014），从而促进了信息共享。同样，Villena 等（2011）提出，网络成员之间密集的互动可以实现可靠信息的交换。简而言之，频繁的社交互动使网络成员能够更多地了解彼此，并交换更重要和有价值的信息。本书将从以下两个方面对现有的信息共享治理相关文献进行总结：

一方面，诸多学者认为，组织间关系是治理信息共享的重要因素，如利益关系、承诺关系、互惠规范、组织间沟通、信任等（Mirkovski et al.，2019）。当网络中各方关系较好时，合作双方都重视并发展彼此的关系，那么信息共享的风险也会相应地降低，信息共享的意愿也会提高。尤其当合作伙伴之间的利益关系较密切时，利益驱使产生合作行为，此时合作伙伴不会轻易违背承诺，从而会促进组织间信息共享的顺利进行。另外，互惠规范也是组织共享信息的关键因素。Pai 和 Psai（2016）认为，互惠规范反映了利益或恩惠交换所产生的内在义务，这种规范加强了组织间关系，震慑了损害合作伙伴利益的不道德行为，因此可以成为影响组织信息共享行为的重要因素。此外，企业通过利用和管理组织间沟通促进了各方之间信息和知识的持续流动（Walter et al.，2015）。沟通影响着组织的合作过程，并能够解决合作过程的复杂问题，通过频繁的交流和灵活的调整，能够改善信息共享行为，避免产生信息泄露风险（Lee et al.，2021）。

另一方面，针对信息共享过程中存在的信息泄露等风险，诸多学者对信息技术在信息共享管理中的应用研究越来越多，信息技术助力网络建立各组织的数据库和信息平台，并通过条码技术、自动识别和采集技术进行信息采集，自动、快速、准确地实现信息共享（Gopalakrishnan et al.，2022），并降低成本，减少信息不对称，提高效率。信息和通信技术的进步，特别是企业级通信和协作技术（如电子邮件、VoIP、Web 文件托管和视频会议）以及网络管理技术（如电子数据交换 EDI、条形码和 RFID），使组织更容易实现即时的共享信息，从而促进组织间的有效协作（Zaheer & Trkman，2017）。相较于面对面沟通，组织更愿意使用信息通信技术进行信息共享，因为其成本更低、效率更高。此外，组织间信息系统的采用，将通过合作流程的标准化改善跨组织边界的信息流动，并提高网络化组织利用组织间关系实现战略收益的能力（Rai et al.，2012；Gopalakrishnan et al.，2022）。

区块链技术可以通过只有"一个可信账本"来解决信息共享问题，该分类账可以重塑信任元素。它是一种分布式账本技术，可以通过为网络中的所有成员提供永久的数字足迹，成为信息共享信任问题的解决方案。这意味着整个供应链中发生的每笔交易都被记录在防篡改环境中。任何恶意更改信息的企图都是显而易见的。区块链技术还可以与物联网（IoT）和智能设备相结合，将流程数字化和自动化，以与其他成员实时收集和共享信息，从而提高透明度并提高供应链的效率。这些对供应链的潜在影响引起了许多研究人员的注意。然而，供应链中区块链信息共享的整体贡献和障碍尚不清楚。尽管通过关系和技术手段可以在一定程度上降低信息共享的风险，但在某些情况下，受短期利益驱使的企业可能仍会选择向合作伙伴隐瞒信息，并且由于合作伙伴之间的风险、成本和利益分配不同，许多企业仍然不愿意与其合作伙伴共享信息（Salam et al.，2016）。其原因在于现有治理手段仍不能完全消除信息共享的风险，如依靠组织间关系进行的信息共享，在很大程度上面临组织间关系的影响。另外，组织间的信息量呈指数级增长，当前技术无法验证所有信息的真实性（Mirkovski et al.，2019）。因此，需要更好的信息共享工具来降低共享风险，从而提高组织共享意愿。

2.2.3 机会主义行为的相关研究

2.2.3.1 机会主义行为的概念及内涵

组织间关系的相关研究表明，合作伙伴通过彼此相处和公平分享利益而受益（Dyer & Singh，1998，Muthusamy & White，2005）。然而，Clemens 和 Douglas（2005）认为，组织间关系是依靠获得竞争优势的需要而驱动的，每个组织都试图通过影响力策略和使用可能对组织间关系有害的行为来增强其竞争优势，其中的一种行为便是机会主义行为。机会主义行为受到了学界的广泛关注（Gaski，

1984；John，1984；Williamson，1979）。基于交易成本理论，机会主义行为被定义为在组织关系中缺乏坦率或诚实，以牺牲其他方利益而追求自身利益的自私行为，包括各种经过算计的行为，如隐瞒或歪曲信息、终止承诺、窃取数据、违反协议等行为。为了解释这种行为现象，Williamson（1979）进一步阐述了机会主义行为是不完整或歪曲的信息披露。一般而言，企业网络环境中的机会主义行为被视为是以某些形式发生的欺骗性行为，包括违反协议、故意欺骗、撒谎以及未能履行义务等（Carson et al.，2006），所有这些行为手段都是为了满足自身利益，尽管可能会对其他组织造成伤害。在组织间合作中一方企业以牺牲其交换伙伴的利益为代价追求私利。当组织间产生机会主义时将带来合作的不确定性和低效率，增加风险，导致不利的经济影响，并蚕食长期收益。为了最大限度地降低机会主义的风险，企业进行关系治理，人际关系是关系治理的关键部分，对机会主义具有明显的负面影响。

Wathne 和 Heide（2000）确定了四种机会主义行为：逃避、拒绝适应、违反和强迫重新谈判。也有学者认为，机会主义行为有三种类型：不诚实、不忠和推卸责任。Liu 等（2014）概念化了新兴市场机会主义的理论模型，突出了两种机会主义行为形式：强形式（违反合同规范）和弱形式（违反关系规范）。强形式的机会主义行为是指通过违反合同条款来追求自身利益的行为，这些条款被明确编入合同主体以及后期签署的各种补充协议中。强形式的机会主义行为涉及不按照合同要求共享信息、未能按照合同要求投入各种资源、窃取属于所有合作方的共同资产等。弱形式的机会主义行为是指通过违反网络惯例和关系规范、违背承诺等来追求自身利益的行为，这些行为没有在合同中明确规定，但所有成员默认不做出此类行为。具体弱形式的机会主义行为包括在持续的关系中拒绝全力以赴和合作、违背口头承诺、不遵守公平交换的原则等。Mellewigt 等（2018）将组织间机会主义行为分为高机会主义行为和低机会主义行为，其中，两者的区别在于是否导致了严重不良的后果。

综上所述，虽然学者从不同角度、不同维度对机会主义行为进行了界定和区分，但总体而言，机会主义行为是指组织通过违反合同或协议、违背承诺与规范、逃避义务或类似行为，以牺牲合作伙伴的利益为代价来寻求自己的单方面利益的行为（Huo et al.，2016）。因此，本书中的机会主义行为主要指在合作关系中缺乏坦率或诚实，以牺牲其他方利益而追求自身利益的自私行为，包括各种经过算计的行为，如隐瞒或歪曲信息、终止承诺、窃取数据、违反协议等。

2.2.3.2　机会主义行为治理的相关研究

（1）机会主义行为后果。机会主义行为被定义为企业网络中的组织行为，其动机是以欺骗手段追求自身利益，以牺牲合作方为代价从而获得收益（Lu et al.，2016）。毫无疑问，这种机会主义行为会对企业网络造成负面影响，如组织间交易成本增加（Luo，2006）、合作项目价值下降（You et al.，2018），以及网络绩效降低（Morgan et al.，2007）等，并会破坏企业网络的稳定性。具体而言，从交易成本理论角度来说，机会主义行为会严重影响绩效。Liu 等（2021）发现，在合作开发新产品的网络中，组织的机会主义行为会损害新产品设计的质量和效率。尤其是在供应链金融网络中，组织机会主义行为的发生将对参与的合作伙伴产生严重的破坏性影响（You et al.，2018）。在有关工程项目中承包商行为的研究中，You 等（2018）发现，承包商的机会主义行为对工程项目的增值具有重大的负面影响。

另外，从社会交换理论来看，机会主义行为严重影响组织间信任、团结、承诺等。具体而言，组织间合作安排的复杂性会诱发合作伙伴的潜在机会主义行为，严重损害战略联盟中组织间信任（Liu et al.，2021）。机会主义作为一种忽视合作伙伴利益的利己行为，很容易降低组织间的信任程度，破坏已形成的关系规范（杨建华等，2017）。

机会主义行为将导致不确定性，给经济发展带来负面影响。合作伙伴在防范潜在机会主义行为时，将导致组织间冲突、信任降低甚至网络解体（McCarter & Northcraft，2007）。为了避免这些不利后果，企业网络投入了大量的资源和精力来设置适当的治理手段，以便遏制机会主义行为，降低网络风险。

（2）机会主义行为治理。机会主义行为的风险可能会限制合作伙伴与其他合作伙伴充分合作的意愿，该风险可以通过完整的合同来控制。完整的合同有助于对违反协议的合伙人施加惩罚。因此，大多数的控制问题在合作的初始阶段得到解决。然而，有限合理性限制了完整合同的编写，大量潜在的意外事件，以及资产特异性、市场不确定性、交换频率和任务的复杂性等使大部分合同并不完整。由于不完整的契约只能防止一些机会主义行为，因此在合作演变过程中应该通过使用其他控制机制来弥补其缺点。基于社会交换理论的关系治理成为其中一种控制模式。通过社会关系和联合决策过程，合作伙伴可以更加致力于联盟发展，共享观点和信任有助于合作的开展。社会交换理论认为，信任是稳定社会关系的最重要因素之一。在没有合同条款的情况下，信任在研发合作中尤其重要，因为研发合作的特点是环境不可预测。合作伙伴将网络视为一种有效和公平的组织形式，这可以触发增加信任和承诺的积极循环。同样，网络的期望未得到满足以及合作伙伴对机会主义的看法会降低合作伙伴的承诺和信任，并导致负面循环，受影响的合作伙伴可能不会严格遵守合同。针对契约治理和关系治理的有效性不足问题，一些研究聚焦于关系机制与契约机制的相互作用，侧重于利用不同的治理机制以及治理机制的组合来抑制机会主义并降低其带来的负面影响。治理机制被定义为网络为管理组织间关系，最大限度地减少机会主义行为风险和保护特定交易投资而实施的保障措施（Jap & Ganesan，2000）。现有文献中主要涉及两种治理机制：通过明确的合同协议进行的契约控制和通过关系规范进行的关系控制。基于交易成本理论的契约治理强调通过法律手段或经济激励措施来管理组织间关系。契约是遏制机会主义行为的重要治理机制（Lui et al.，2009）。正式的契约机制通过正式和书面合同，规定了双方的权利、义务和责任，并通过正式规则和详细规范对违反协议的行为进行处罚。因此，契约治理可以通过外在的法律力量防止机会主义行为（Wang et al.，2011）。相比之下，源于社会交换理论的关系治理强调组织互动和社会嵌入关系的作用，并试图通过道德约束来管理组织间关系（Cao & Lumineau，2015；Lui，2009）。信任和关系规范被强调为遏制机会主义的重要关系机制。信任能够防止合作伙伴投机取巧地利用组织间关系，而关系规范则通过共同规范和价值观来抑制机会主义（Wang et al.，2021）。在以往的关系治理研究中，信任、承诺、协调和共同解决问题等机制构成了防止特定交易资产被利用的保障。但详细的合同编写、监控和执行既困难又昂贵，无论合同有多详细与明确，都不能概括所有的合作细节或预测所有潜在的意外事件，而在不确定的环境中，信任和关系规范很难完全发挥作用。

完全依赖纯粹的契约型或关系型机制治理机会主义行为具有挑战性。因此，一部分研究整合了交易成本理论和社会关系理论，研究契约治理和关系治理二者的相互作用，并确定二者的替代或者互补关系。合同治理可以最大限度地减少机会主义的风险。此外，研究人员认为，社会学机制通过增强对合作伙伴的信心来减少关系风险，从而最大限度地减少合同条款中的冗余规范。然而一些学者认为，详细的合同可能被解释为不公平的标志。同样，依赖于信任和沟通的非正式自我执行方法破坏了合同的正式使用。因此，合同中的合同保障和控制特征减少了社会学机制的影响，从而限制了伙伴之间的合作互动。合同协议和关系规范两者结合可以更好地阐明网络成员的角色和责任，从而有效控制机会主义行为

（Handley & Angst，2015；Huo et al.，2016）。单靠对称依赖关系不足以最大限度地减少事后机会主义行为和最大化关系承诺，因为合作伙伴可能无法合作解决冲突和消除外部不确定性。相比之下，角色完整性和互惠性与正式规则在抑制机会主义行为方面是相辅相成的，有助于减少机会主义行为（Paswan et al.，2017）。

随着数字技术的进步，新的技术治理成为抑制机会主义行为的一种新型治理手段（Saberi et al.，2019；Lumineau et al.，2021）。例如，物联网和 5G 的采用增强了合作伙伴之间的实时信息共享和可见性，从而有助于抑制合作伙伴的机会主义行为（Lumineau et al.，2021）。尤其是数字技术促进了组织间可见性的提高，在高度透明可见的合作中，可以减少组织之间的不确定性和信息不对称，并且提高组织异常行为检测概率，从而抑制机会主义行为（Huo et al.，2016）。如使用组织间系统可以构建基于 IT 的双重性机制，通过 IT 虚拟集成所提供的跨组织信息处理能力可以降低交易成本、减少机会主义行为、减少信息不对称和提高监测能力。然而，当特定合作伙伴的投资受到威胁时，模块化本身就可能变成合作伙伴机会主义行为的来源。因此，数字技术为企业网络治理机会主义行为带来了新的机遇与挑战。

2.2.4　组织间协调的相关研究

2.2.4.1　组织间协调的概念及内涵

企业网络中的项目大多是临时的、复杂的，且依赖于多个组织之间的合作才能完成。与单个组织完成的线性任务不同，组织与特定的合作伙伴进行的合作任务，会面临许多不可预测的情况，不同的组织需要进行顺畅的沟通和协调，以不断地调整计划，从而完成任务。在完成合作任务时组织之间是紧密耦合且相互依赖的，因此需要合作伙伴之间的密切协调，以保持合作项目的顺利进行。可以看出，组织间协调对于企业网络运行至关重要。尤其在面对激烈的全球竞争时，合作伙伴之间的无缝协调是其竞争优势的重要来源。因此，组织间协调越来越成为提高合作效率、减少资源浪费的关键（Cheng et al.，2010）。

协调是一种具有社会、管理和技术等多维度的现象，已经在管理学、计算机科学、运筹学和经济学等多个领域得到了研究。本书聚焦研究组织科学领域的协调，关注组织间的协调，而不是组织内的协调。组织科学领域对组织间协调的描述通常基于行为，将其定位为组织之间的实际联合行动，将协调描述为组织之间具体的过程或结果（McNeilly & Russ，1992）。因此，与合作不同，协调的整合水平高于合作，协调本质上更注重行动的一致性，专注于完成预期目标。

具体而言，组织科学领域一部分研究将协调定义为"管理活动之间的依赖性"或"整合或连接不同主体以完成一组集体任务"的过程，其主要目的是管理任务和使用各种机制以最小化成本的方式实现目标。例如，在联盟网络新产品开发中，协调是一个新产品开发成功的关键因素。组织间协调是指在执行产品开发任务的相互依赖的组织之间实现步骤协调一致的持续努力（Miller & Toh，2022；Pomegbe et al.，2022）。因此，组织间协调被描述为一种过程，通过该过程，组织可以很好地在一起工作，整合和调配彼此的资源，以完成一系列的集体任务（Tsou et al，2019）。

有一部分研究将组织间协调定义为实现共同确定的目标，对合作伙伴的行动进行深思熟虑、有序的调整，使组织间行动保持一致性（Sahadev，2005；Srikanth & Puranam，2014）。其本质是将组织间协调视为一种结果（Gulati et al.，2012）。组织间协调通常旨在通过各种协调机制，如频繁的沟通交流、合同协调等，激励合作伙伴一起努力，并以合作生产的方式整合合作伙伴的资源，从而实现预期目标。简而言之，协调旨在确保合作伙伴的努力，并以最小的损失实现预期的目标。例如，组织通过积极协调其活动、调整其战略、与联盟和跨联盟组织进行知识共享，促进成员之间合作能力的提升，进而达到改善组织间协调的目的。

综上所述，学者从过程和结构两个方面对组织间协调进行了界定和研究。本书延续 Gulati 等（2012）的研究，将组织间协调定义为一种结果，即通过对合作伙伴的行动进行深思熟虑、有序的调整，以实现共同确定的目标。

2.2.4.2　协调治理的相关研究

众所周知，企业网络价值创造过程中的共同专业化突出了协调组织间相互依存关系的重要性。最近的研究表明，随着行业间、组织间边界的模糊性、连通性的增加，组织间的相互依赖关系变得更为复杂（Park et al.，2021），导致组织间协调的有效性不足。企业网络中更高的相互依赖性和不确定性会增加协调成本，也会增加协调失败的可能性（Aggarwal et al.，2011）。例如，不确定性制约了合作伙伴预测结果的能力，增加了意外的可能性，使合作流程的同步更加困难（Varshney & Oppenheim，2011），致使协调失败，从而妨碍合作伙伴实现特定的网络目标（Gulati et al.，2012），甚至引发网络解体。尤其在当前商业环境波动性非常高的情况下，企业网络需要在结构设计和管理的各个方面保持更高程度的灵活性，以应对变化。因此，动荡的环境和灵活的需求使企业网络内部的关系更加复杂，同时提高了组织间相互依存的水平，从而进一步提高了合作伙伴之间的协调成本（Gulati et al.，2012），使协调失败的风险增加（Gurcaylilar-Yenidogan，2017）。为此，需要采取各种有效措施解决协调失败，促成组织间协调。

要确保企业网络合作伙伴之间的协调并防止机会主义行为，就需要建立治理机制来保障网络内部各方的合作。过去的研究已经确认了共享规范和正式合同的作用（Alter & Hage，1993；Grandori & Soda，1995）。根据交易成本理论，当各方无法清楚地写下与未来意外事件相关的协议条款时，交换被认为是不完整的。Osmonbekov 等（2016）发现，合同执行与关系绩效之间存在负相关关系，持续使用正式合同表明各方之间缺乏信任和存在滥用权力的行为，最终会导致协调失败。尽管如此，其他学者仍然论证了正式合同对绩效的积极影响。更具体地说，正式合同的实施有利于塑造各方在网络中的行为。对于一些学者来说，合同是每份协议中的第三方，是减少各方违规行为和协调各方的保证，从而促进产品创新与开发。在发生争议的情况下，合同中规定的条款明确了什么是合法的。

当各方长期受到社会契约或规范的监管时，信任变得突出，交换关系中的各方有动力不断公平地对待彼此，从而实现更好的合作。已有研究还证实了关系治理与绩效相关结果之间的关系。例如，Osmonbekov 等（2016）认为，社会执法对绩效有积极影响，价值观将各方联系在一起，并进一步提高了网络内部企业之间的协调。

此外，部分学者从结构、制度经济和管理技术三个方面对协调治理进行补充与完善。

结构学派认为，通过适当的组织和工作设计，可以避免协调失败。早期的管理学特别强调组织层次结构的作用，即通过建立明确的等级关系和活动的正式化来管理复杂的和相互依赖的任务。等级协调的特点是组织之间具有固定的行为规则和明确的权力关系，一个组织可以控制其他组织。然而，在市场结构下，各组织是完全自主的，并根据自身利益做出决策，因此，仅依靠正式化和权力结构不足以确保协调的效率和有效性。尤其当前环境下企业并不是"孤岛"，而是通过协作关系联系在一起的，需要密切协调各种活动。随着组织间协调活动差异度的增加，需要通过分布式控制对组织活动进行协调（Harrison et al.，2022），即通过交互模式来协调任务不同但互补的活动。

新制度经济学派认为，组织间协调治理不仅可以通过正式和明确的管理控制手段来实现，而且可以通过组织间的规范、价值观、信任等非管理控制手段来实现（Nyland et al.，2017）。首先，管理控制手段是通过正式的规章制度来控制组织行为，即正式机制，其中以合同控制手段为主。在组织间合同中，通过明确指定合作伙伴之间的任务分工，具体规定什么是允许的、什么是不允许的，并设置明确的措施以惩罚违反合同的组织，从而实现合作协调。可以看出，合同的协调功能可以简化决策并防止组织间出现争议，大多数的协调问题通过详细的合同条款得以解决（Hoetker & Mellewigt，2009）。然而，有限理性限制了组织间完整合同的编写，高相互依赖性、资产专用性、不确定性、交易频率以及任务复杂性使预测未来变得困难，致使编写一份完整的合同，保持合作伙伴目标之间的一致性，实现多个合作伙伴之间的任务协调，并在发生冲突时协调各方变得非常困难（Barbic et al.，2016），从而限制了合同的协调功能。由此激发了不同的非管理控制手段的使用，关系机制（信任、关系规范、持续沟通等）成为协调治理的主要手段。Payan 等（2016）指出，可以简单地基于合作伙伴以前的历史或声誉等公开信息建立组织间信任，从而促进组织间的协调。另外，持续沟通是维护协调行动所必需的、最直观的、最有效的手段。因此，以信任、持续沟通为基础的关系机制是实现组织间协调治理的重要手段。

管理技术学派认为，信息通信技术的使用降低了组织间成本，提高了协调能力（Kanda & Deshmukh，2008）。组织使用信息通信技术进行日常的企业间操作，并协调合作伙伴的行动。首先，IT 有助于点对点交接合作项目，实现合作生产的无缝链接（Chen et al.，2022），并助力合作组织根据实时数据进行规划，精准完成协调目标。特别是随着 IT 的进步，组织之间能够快速进行信息、资金、资源的交换与共享，并利用协作方法实现网络运营优化。其次，企业网络通过组织间信息系统来改善组织间协调，提高组织间协作的一致性和适应性（Rai et al.，2012）。组织间通过 IT 构建信息系统，将合作伙伴相互依赖的任务映射到系统可识别的活动模块上，使合作伙伴能够更好地了解彼此的信息需求，以有效地执行组织间流程。组织间信息系统的使用减少了合作伙伴之间的沟通障碍，通过提高现有流程的可见性，使合作伙伴能够及时发现问题，并调整程序和技术，从而在短期内实现改进与调整（Rai et al.，2012）。鉴于组织间信息系统所赋予的能力，使用组织间信息系统能够使合作伙伴及时整合和调整其业务，而无须太多直接的沟通与互动。最后，组织间的交互越来越依赖于标准化信息技术平台，即通过组织间协调平台进行活动协调。协调平台为组织间协作提供数据和流程的支持，克服了以往相互独立的缺陷，并化解合作成员在数据资源共享和保护方面的冲突（Markus & Bui，2012），为组织之间的协调提供技术支持。区块链技术能够提高供应链中信息流、资金流和材料流的安全性和可追溯性，对促进组织间协调具有积极作用。

2.2.5 区块链治理的相关研究

2.2.5.1 区块链的治理属性

治理使企业网络中组织间的协作和信息共享实现正规化和标准化，并避免成员之间的潜在冲突。有效的治理结构可以保护企业免受机会主义行为的侵害，增进关系并减少不确定性（Lai et al.，2012）。区块链作为一种信息系统创新，引发了制度、组织和治理方面的革命（Davidson et al.，2018），通过分散共识与智能合约，帮助网络建立规范（Koh et al.，2020）。基于分布式账本，区块链能够用来维护和跟踪交易记录（Swan，2015），其使用共识机制、非对称加密算法和智能合约等，建立起一整套新的信息规则，具体涉及谁来生产信息、如何加工信息、信息如何得到存储以及如何进行共享等，而不局限于信息的获取和传递，从而形成了特殊的信息逻辑，包括点对点传输、即时共享、可追溯、不可篡改等（韩志明，2020）。

因此，从治理的角度来看，区块链可以像规则一样发挥作用，对每个参与者的行为进行约束（Rajagopalan，2018；贾开，2020）。区块链的透明度和信息可验证性往往会降低企业网络合作伙伴之间对信任的需求（Beck et al.，2018）。网络主体可以使用分布式、不可变的区块链分类账来审查和评估合作伙伴的资源及绩效（Wong，2020）。此外，区块链通过支持组织开发自动、协作和高度互操作性的服务（Petersen，2022），实现了合约执行的常规化，并通过数字化可追溯的合约协议，以及条件触发自动执行的智能合约提高组织间的协调效率（Murray et al.，2021；Chang et al.，2020），消除重新编码的可能性，降低组织间的协商成本和执行成本，对组织间治理产生显著影响（贾军和薛春辉，2022）。

区块链技术提供了一个可以连接众多参与者的信息系统，并为合作伙伴的专有数据提供了交互基础设施，从而允许合作伙伴在不牺牲数据隐私的情况下跨组织边界共享相关信息（Rejeb et al.，2021；高悦等，2023），实现异构组织群体之间的连续、非中心化管理的合作与交流。区块链保证网络中实现透明、可靠和高效的信息共享，从而改变企业网络的信息治理结构（Wong et al.，2020），有助于减少组织成员之间的信息不对称，组织间信息的对称能够抑制以牺牲其他方利益为代价获取私利的机会主义倾向（Wong et al.，2020；Xu et al.，2021）。

此外，区块链的强大功能使其成为协调组织间关系的一种新治理手段（Hanisch et al.，2021），从而促进企业网络中不同利益相关者之间的协作。现有的企业网络治理理论侧重于契约机制（Williamson，1979）和关系机制（Granovetter，1992；Poppo & Zenger，2002）。这些机制通过现有的 IT 集成技术可以促进组织间的关系（Lee et al.，2014），但 IT 必须在传统治理机制的结构中运行。Lumineau 等（2021）一致认为，区块链提供了一个自动化框架，提供了一种"执行协议并实现合作与协调的方式，这与传统的契约式和关系式治理以及其他 IT 解决方案不同"。区块链不同于其他影响组织间关系的信息系统和技术，因为区块链能够自主执行协议（Lumineau et al.，2021）。因此，虽然组织间的 IT 整合可以为各方带来互惠、稳定和积极的效果（Lee et al.，2014），但这些传统的解决方案必须得到契约或关系治理机制的支持，从而可以强制执行。然而，区块链的智能合约可以自动执行交易规则，而无须后续干预（Treiblmaier，2018）。

Petersen（2022）提出，区块链支持的治理结构由管理层机制、平台层机制和应用层机制组成，每一层都增强了治理能力。区块链与传统治理机制互为替代或补充，从而在企业网络中执行治理功能。具体而言，管理层治理将通过定义链上和链外流程，促进组织间的协调（Lacity，2019）。为了解决组织间的冲突，可在链外定义预期行为的参数，并在链上监控其执行情况（Rossi et al.，2019），在区块链上实施制裁来惩罚那些违反操作规则的成员（Howell & Potgieter，2019）。平台层治理通过区块链技术本身固有的要素来实现，即通过自动化验证过程，减轻有限理性、机会主义行为和传统治理机制局限性带来的风险。此外，共识算法、确保交易按预期进行验证和处理以及区块链的分布式和加密数据设计，确保交易对许可成员保持不变和透明（陈凡和蔡振东，2020），不可变数据的透明度最大限度地减少了信息获取方面的不平等，并确保决策者拥有尽可能完善的信息，以克服有限理性倾向。对交易记录完整性和可用性的理解将对机会主义行为起到威慑作用，同时，该技术实现了全面实时的监控（Schmidt & Wagner，2019），从而降低组织间风险。应用层治理机制主要是通过区块链智能合约功能实现的机制，智能合约提供了编码和自动执行合约条款的机制。智能合约促进了交易规则的执行（Davidson et al.，2018），从而提供了跨组织自动协调交易的手段。智能合约实现了业务流程的常规化，增加了交易的确定性。除实现交易的自动协调外，智能合约的自我执行能力还消除了潜在的交易风险。交易条款和条件的编码及自动执行，可以最大限度地减少双方之间信息不对称的发生，并减少双方决策中有限理性产生的可能性。同时，智能合约结构中交易的参数化和强制执行也降低了机会主义行为产生的可能性（Schmidt & Wagner，2019）。

因此，区块链治理可以为参与者提供一种治理结构，相较于传统治理手段而言，其具有更高的有效性和响应能力。

2.2.5.2　区块链与企业网络治理相关研究

只有当企业间的信息系统建立联系时，信息共享和协调才有可能，而这可能需要企业之间建立信任关系（Saberi et al.，2019）。这种信任扩展到整个企业网络产生的影响是难以想象的。如果能够在网络甚至行业之间共享数据，而不必担心数据隐私，那么将会促进网络效率的提升。区块链技术可能是将这种全行业数据共享理念付诸实践的基础（Wang et al.，2019）。作为一个不可变的分布式账本，区块链在本质上为网络成员提供了一条在互不信任的环境中共享可信数据的途径（Kumar et al.，2020）。例如，供应链网络背景下的供应链透明度和数字化，包括追溯和跟踪产品，将极大地提高网络运营效率和有效性（Kshetri，2022；Schmidt & Wagner，2019）。

区块链技术对组织间治理产生深远的影响，甚至需要重新考虑已形成的治理理论（Roeck et al.，2020；Saberi et al.，2019；付豪等，2019）。另外，尽管区块链具有显而易见的好处和能带来颠覆性变化的潜力，但由于区块链的实施难度大，致使该技术对网络的影响有限。考虑到区块链应用程序的开发更多地发生在企业间，因此，为了确保组织间的集体行动，区块链应用程序需要得到治理，必须明确参与的组织和管理组织的结构，以及决策权的分配、决策程序和问责制框架（Provan & Kenis，2008）。通过网络治理助推企业合作开发区块链应用程序，以满足利益相关者的集体诉求。Ziolkowski 等（2020）指出，针对组织间的区块链系统，需要明确主体角色、责任、决策权以及激励手段，从组织角度改善区块链系统的功能，从治理角度解决架构设计、权力分配等问题。

区块链技术有望成为管理组织间交易的新型基础设施（Lumineau et al.，2021；汪青松，2019），其可凭借分散共识与自动化执行的基本特征影响传统的组织间治理方式——契约治理和关系治理。基于区块链的治理依赖于通过正式编程语言开发的代码规则，并通过自动执行来实施规则，从而区别于依靠法律强制执行协议的契约治理机制（Paul et al.，2021）。区块链中的合作双方不需要根据过去的经验或持续的互动来建立对合作者的信任，因此，合作伙伴的身份并不像关系治理那样重要。区块链因能自动执行协议而不同于其他影响组织间关系的信息系统和技术（Lumineau et al.，2021）。因此，尽管组织间的 IT 集成可以带来良好的治理结果（Lee et al.，2014），但这些传统解决方案必须得到契约或关系治理机制结构的支持。而区块链结构可以自动执行交易规则，无须后续干预（Treiblmaier，2018）。故而，区块链构成了一种不同于契约治理和关系治理的治理机制，超越了依赖行为者之间关系或法律条令约束力的传统逻辑。自动执行的特性有助于从源头上减少合作失败和潜在的机会主义风险（Oliveira & Lumineau，2019）。区块链中共享数据高度可靠、交易记录不可篡改且来源可溯的特性使事后机会主义行为极易被发现，从而降低企业风险承担水平（徐晨阳等，2022）。

此外，部分文献研究了区块链技术特征对组织间关系的影响。基于区块链技术的跟踪和追溯系统可以直接降低组织间风险，但是必须设置基于结果和基于行为的机制，才能促进网络的可持续发展。区块链提供了整合、重新配置组织内部和外部资源的能力，从而应对快速变化的环境，通过增加透明度、不变性、分类账隐私、可靠性和可信度增强网络整合，提高组织的生产力和绩效（Wang et al.，2019）。

尤其是对于组织间机会主义行为，区块链通过自动化验证过程，可以减轻由人类行为和传统治理机制的局限性带来的风险，并为企业网络参与者之间的合约执行提供最佳治理框架，确保交易的准时有效。共识算法确保组织间交易按预期进行，分布式和加密数据设计确保交易对许可成员保持不变和透明，二者能够有效地协调和处理网络内企业间的交易行为。具有这些特征的区块链技术解决了组织间交易中可能存在的关键风险，即信息不对称、有限理性和机会主义行为。交易方不可变数据的透明度最大限度地减少了信息获取方面的不平等，并确保决策者拥有尽可能完善的信息，以克服有限理性倾向。在区块链中，交易记录具有完整性和可用性特征，这将对机会主义行为起到威慑作用，同时实现对此类实际违规行为的实时检测（Schmidt & Wagner，2019）。

智能合约提供了编码和自动执行合约条款的机制，智能合约代码促进交易规则的执行，从而提供了跨组织自动协调交易的手段。通过确保合约的自动执行，智能合约实现了网络业务流程的常规化，增加了交易的确定性。除实现交易的自动执行与协调外，交易的参数化与合约的强制执行可以最大限度地减少双方之间的信息不对称，降低有限理性，从而降低机会主义行为产生的可能性（Schmidt Wagner，2019）。同时，智能合约作为编码和参数化协议的固有形式，可以降低合同和关系治理实施的模糊性（Chang et al.，2020），减少交易成员之间的信息扭曲和作弊等机会主义行为。

针对如何在建立信任和保护合作伙伴利益的同时实现合作的问题（Gulati et al.，2012；Hoffmann et al.，2018），区块链可以去除在交易中建立信任通常需要的"中间人"，将以参与者或机构为中心的信任形式转变为以技术为导向的信任形式（Hanisch et al.，2021），该信任形式作为社会信任的有效补充，与社会信任产生协同效应，促进企业间的协同创新（Wan et al.，2022）。

区块链技术的采用和应用可以改善信息共享和治理。公司可以利用区块链技术下的信息机制来消除不确定性，提高信息有效性，消除战略决策中的冲突和理解障碍（Chang et al.，2020），实现组织间的合作与协调。

区块链技术可以通过利用正式编程语言开发的代码实现智能合约的定制，保证智能合约具备信息共享和可访问的双重优势（Vatankhah Barenji et al.，2020）。在此类智能合约框架中，数据存储在分布式账本中，但信息并不能被网络中的所有合作伙伴解码和读取，信息并非被普遍或平等地获取，而是基于网络角色和合作方之间的协议。依托智能合约的定制规则，助推合作伙伴建立起基于技术的信任，促进企业网络参与者之间的协作，并实现关键信息的共享，以实现组织间协作和资源共享（Agrawal et al.，2015），提升网络运营绩效。

本书将重点讨论基于区块链技术的网络治理，即区块链的技术特征如何助力于企业网络治理。

2.2.6 文献述评

通过对国内外大量文献进行梳理后发现，国内外学者对企业网络治理和区块链技术进行了大量研究，并形成了较为丰硕的研究成果，尤其是企业网络治理研究取得显著进展，但仍有以下不足之处：

（1）区块链技术破解企业网络治理困境的实现机理尚未明晰。尽管众多学者在区块链技术理论及其在网络治理中的应用进行了测试、探索，但已有的研究主要从工具价值与技术赋能角度切入，对区块链作用于组织间治理的理论分析仅停留在技术应用层面，尚未深入揭示隐藏在现象背后的内在逻辑，致使缺乏关于区块链技术破解企业网络治理困境的系统性理论研究。因此，需要从理论视角深入探究其实现机理。

（2）基于区块链技术的企业网络信息共享机制尚未形成。区块链技术在组织间信息共享方面的应用价值及前景得到了学术界及产业界的普遍认可，目前也成为区块链技术应用与研究的一个重要领域，但目前的研究成果以实现供应链领域的可追溯性为主，尚未揭示区块链技术对企业网络中信息共享的影响。因此，本书构建基于区块链技术的企业网络信息共享框架，并在此基础上比较分析区块链对组织间信息共享的影响效应。

（3）区块链技术对于机会主义的治理机理尚未得到揭示。现有研究仅采用系统综述和理论推理的方法分析区块链对组织间机会主义的可能影响，未能厘清和揭示区块链技术如何治理组织间存在的机会主义行为，区块链对机会主义的治理机理仍处于"黑箱"状态。特别是，对区块链技术对机会主义的影响研究不能止于对新技术、新现象的浅层理论描述，而应将其放置于现实情境与研究背景之中。因此，本书在理论分析的基础上，运用统计方法对理论模型进行实证分析，揭示其作用机理，从而在理论和实践上对区块链技术的治理属性做出本质性解释。

（4）区块链技术对于组织间协调的作用机理尚未厘清。当下研究较少将区块链技术与组织间协调联系起来，对两者关系机制尚未明晰，更未能阐释区块链技术究竟以何种形式（跨组织信息系统、信息技术、技术能力、治理机制等）作用于组织间协调。因此，本书通过对区块链的技术特征、治理属性等进行系统分析，探究区块链技术对组织间协调的作用机理。

2.3　本章小结

一方面，本章通过文献综述与理论推演指出，信息共享、机会主义行为、组织间协调是当前影响企业网络治理效率和效果的关键因素。另一方面，伴随着区块链、云计算、数字孪生、人工智能、5G 等新一代数字技术的普及与发展，使组织间合作活动的全面数字化成为发展趋势。网络治理将迎来新的机遇与可能，传统的基于制度经济学框架的"人与信息对话"的治理逻辑将可能被数据时代

"数据与数据对话"的治理逻辑所取代。尤其是具有"信任机器"之称的区块链技术十分适用于组织间协作,在"治理"方面具有去中心化、安全透明等诸多技术特性,为数字经济时代的治理赋予了新的可能。本章通过文献综述、理论推演,为后面章节提供了理论依据和支撑。

第3章 企业网络治理现实困境与破解机制：区块链技术视角

区块链技术同企业网络治理之间的内在逻辑关联是分析如何利用区块链技术实现企业网络治理的逻辑起点，而识别企业网络的现实难题是企业网络治理的基石。首先，本章试图通过理论归因、实践归纳，识别企业网络面临的现实治理难题，以充分展示本书研究问题的重要性和复杂性，并为引出新的治理工具与手段做铺垫。其次，通过对已有区块链相关文献的分析发现，区块链要实现其独特价值，必须拓展新的应用场景。最后，深入剖析区块链技术作用于企业网络治理的机制，以区块链技术架构为基础设计基于区块链的企业网络治理功能框架，并在该框架下分析了区块链技术如何破解企业网络治理难题，为后续研究提供路径与方法指导。

3.1 企业网络治理困境分析

学术界对网络组织这一主题给予了相当大的关注。尽管已有的文献借鉴了不同的理论范式并解决了不同的问题，但通常遵循一个基本假设，即企业网络内的组织间关系具有潜在的价值。然而，这一假设在一些研究中受到质疑，这些研究强调了企业网络内组织间关系的阴暗面及其治理失败给网络带来的负面影响，如交易成本经济学中的机会主义行为、代理理论中的委托代理冲突及企业社会责任中的不道德行为（Oliveira & Lumineau，2019）往往致使组织间关系质量下降、组织间合作失败甚至网络解体（Bakker，2016）。企业网络的失败往往源于治理危机（Chhotray & Stoker，2009），因此识别网络治理面临的现实困境，并探寻破解企业网络治理困境的有效手段对推动企业网络治理数字化、实现企业网络稳定性至关重要。

概括来说，既有网络治理困境相关研究主要涉及两方面：一方面为网络治理的理论困境，即理论预设与实践效果不一致，网络治理并非总能发挥积极的治理效应，也并非总是有利于合作伙伴绩效的提升；另一方面为网络治理的实践困境，体现为尽管在理论预设上网络治理的效果较好，但在组织间关系管理实践中网络合作的失败率仍然很高。

3.1.1　企业网络治理的理论困境

对于网络治理的困境，相关学者将其表述为"网络治理失败""网络治理失灵""网络治理失效"等。企业网络在其发展的不同阶段中，尤其在启动阶段和发展阶段，组织间分歧与冲突、机会主义行为、不确定性、合作伙伴资源差异等俨然已构成组织间关系治理的主要障碍。究其原因，组织间共享目标和高风险感知会限制组织间合作的投资水平，从而对价值共创产生负面影响，伴随而来的冲突、机会主义行为或道德风险等（James M. Crick & Crick，2021），会导致合作伙伴之间关系的恶化（Huang et al.，2016），承诺、满意度和信任度降低，从而侵蚀合作伙伴关系，最终致使企业网络治理陷入困境，增加网络失败的风险（Bakker，2016）。社会关系交织容易带来关系过度嵌入、网络负效应、企业网络治理机制缺失、治理机制不匹配，由此成为网络治理失败的主要原因。当网络内组织间关系得到治理、机会主义行为得到遏制、网络主体间的信息得到规范传递且秩序得到有序协调时，网络治理才是有效的。反之，当治理问题得不到妥善解决、网络治理目标难以实现时，网络治理就是无效的，甚至会引发网络解体。企业网络治理的理论困境体现在治理结构僵化和治理机制不足两个方面。

第一，治理结构僵化。治理结构为网络合作者提供实现特定目标所需的资源，同时也可以用来塑造组织间互动的规则。网络治理失效与公司的位置、网络的密度和网络中链接的选择密切相关。网络各方之间平衡或不平衡的权力地位、高或低的网络密度以及开放或封闭的网络链接，在不同的情况下都可能成为导致网络治理失效的结构性因素（Tunisini & Marchiori，2020）。同时，富含结构洞的网络能够更快地将信息传递给更多的组织，然而这些组织可能并不是嵌入在网络中的组织，这些组织的目的在于发现新机会和新信息。此外，有凝聚力的网络会限制网络合作者的行动，从而减弱合作所需的社会联系。总之，以往对结构的过度关注，如对网络密度、凝聚力和结构洞的追求造成治理结构僵化，使行动的重要性被忽视。因此，为了维护企业网络的功能并防止治理失效，需要在结构和关系之间找到平衡。

第二，治理机制不足。Provan 和 Kenis（2008）将网络治理失败与不能实现网络目标的治理机制联系起来。一些学者强调，缺乏抑制机会主义和维持成员间信任的治理机制，会造成网络失败。网络治理机制在配置资源、畅通合作流程、保证网络利益分配、降低机会主义行为风险方面尤为重要。Moretti 和 Zirpoli（2016）得出结论，网络失败可能是因为缺乏能够抑制机会主义、共享信息的治理机制。缺少治理机制，将导致网络治理无效形式以及无法保证网络稳定和动态发展（Tunisini & Marchiori，2020）。因此，学者广泛讨论了两种主要的治理机制，即正式治理和关系治理（Cao & Lumineau，2015）。正式治理基于正式和明确的契约和规则，关系治理则遵循社会关系、信任和共享规范。由于正式治理强制执行合作方之间的协议并惩罚违反规定的行为，它可以协调和防范机会主义行为（Oliveira & Lumineau，2019），但过度的契约也可能表明信任度较低，从而激发机会主义行为。同样，"过度嵌入"关系的网络也可能受到负面影响。此外，治理机制在网络中的合理配置同样是至关重要的，但现有研究就正式治理与关系治理的配置并没有进行深入探讨（Wegner et al.，2022），致使当前网络治理有效性不足。

3.1.2 企业网络治理的实践困境

企业网络治理的实践困境是网络治理理论困境的自然结果。在企业网络治理实践过程中，组织间交互活动会发生在团体层、组织层以及网络层，从而不可避免地面临机会主义行为、信任危机等具有破坏性因素的影响，使组织间合作存在种种风险和不确定性，影响网络项目的顺利开展，导致组织合作失败甚至网络解体。在实践中，利益相关方仍以契约治理、关系治理作为最根本的治理手段。然而，尽管理论界已证实两种治理机制均可以有效抑制机会主义行为，促进组织间合作，最终实现合作绩效的提升，但是在治理实践中，当合作伙伴之间不存在稳定且依赖的关系时，或关系遭到如道德风险、"搭便车"等行为影响时，关系治理便失去了发挥作用的基础，不能有效地提升合作绩效。在充满复杂性、动态性、有限理性的现实社会中，契约的不完整性带来的负面影响会被放大，不足以应对现实社会中的复杂情境。

从实践中组织间合作的高失败率可以得知，企业网络治理在实践中面临极大的挑战。张玉臣和王芳杰（2019）列举了众多原因，其中包括信任缺失、共享安全性问题、组织间冲突、协调障碍、机会主义风险等。实践中的企业网络治理难题屡见不鲜，如荷兰铁路公司对其运营的快速新型区域列车（FLIRT）进行后续资产维护时产生了信任危机。具体而言，FLIRT 于 2016 年 12 月首次由荷兰铁路公司推出，然而在 2018 年 2 月 28 日至 5 月 28 日，FLIRT 屡次三番发生操作故障，其故障代表列车运行延迟超过三分钟。荷兰铁路公司与 FLIRT 机车车辆制造商就操作故障的后续维护管理进行商讨（Abbas et al., 2020）。然而，FLIRT 机车车辆制造商和铁路公司维修者之间产生了对机车车辆维护质量的不信任，尤其是对滑动台阶的维护质量缺乏共识。滑动台阶维护由原始设备制造商提供，其是列车系统的一部分，目的是防止乘客跌倒或卡在火车和站台之间，弥补站台和列车之间的间隙。双方根据合同内容按照规定的准则对机车车辆进行维护，FLIRT 机车车辆制造商为机车车辆提供保修。其中，维护任务由 FLIRT 机车车辆制造商指定，对于关键性零件的维护，FLIRT 机车车辆制造商提供了粗略的维护计划。因此，铁路公司根据 FLIRT 机车车辆制造商的指导方针，基于机车车辆的性能目标，制订维护计划。但是在此次故障中，FLIRT 机车车辆制造商认为，单方记录的维护信息不充分或不足以证明保修索赔的有效性，且声称铁路公司的维修人员没有按照它们的维修准则维修滑动台阶。而铁路公司维修人员则表示，尽管遵循了 FLIRT 机车车辆制造商给出的所有维修指示，但滑动步骤仍然频繁地失败。铁路公司声称，滑动台阶没有达到合同中所承诺的可靠性和可用性，需要重新设计。此时，双方彼此互不信任，对于维护质量缺乏共识，合约内容不足以划分双方的责任。因此，迫切需要一种能够促进共识、破解利益相关方信任危机的解决方案，以此来促成车辆维护的顺利进行。通过铁路公司案例可知，利益相关者签订的合同协议并不能促进信任的维护，反而成为双方推诿塞责的理由所在，这就是契约治理机制不足的体现。

组织间协同设计开发高科技新产品，以推动公司进入新市场及获得高产品销售额。高科技市场具有高度动态性和不确定性，其特点是产品生命周期短、发展迅速、产品更新迭代速度快。因此，为快速进入数字家庭娱乐市场，中国台湾大型高科技公司 Zeta 与竞争对手 Alpha 联合开展产品研发工作，协同为新产品开发新技术设备。基于两家公司对其竞争环境的认知可知，两者之间存在竞争冲突关系。Zeta 与 Alpha 开发电子设备部件 D，部件 D 需要定制的技术设计以使其适合 Zeta 的产品。在网络合作中，完整和及时的信息共享对于 Zeta 的快速发展至关重要。然而，从合作开始时起，Alpha 和 Zeta 之间就存在信息共享延迟，经常看到一方敦促另一方加快信息共享过程的情形。正如 Zeta 工程师发给 Alpha 工程师的电子邮件中所说的。"我们需要你尽快解释，请加快速度"。信息共享延迟在公司间合作中变得司空见惯。由于公司不同的工作流程和缺乏有关高科技产品的标准化程序，Zeta 和 Alpha 之间的信息共享在一定程度上受到阻碍，从而增加了实现有效信息共享的难度，且增加了逐案谈判时间，减慢了审批过程。除信息共享延迟之外，信息的扭曲或隐瞒、冲突和有限的信任以及缺乏标准化的程序，都阻碍了合作伙伴之间的信息共享实践，致使合作项目早早终止。由 Zeta 和 Alpha 的合作案例可知，管理高科技部门组织间关系的一个关键挑战是设计信息共享机制，以支持合作活动。然而共享的意愿、工具、泄露风险等均会影响信息共享的顺利进行。

此外，机会主义是网络治理实践中司空见惯、屡禁不止的行为。实践中的企业网络治理困境层出不穷，尤其是面对当前组织结构变化、数字化转型、合作风险放大等挑战，利用互联网和数字技术推动企业网络治理向数字化方向转变，推进网络治理实现转型是大势所趋。借助区块链技术，可以拓宽网络治理边界，重塑网络治理流程，优化网络治理手段和工具，进而提升网络治理效能。

3.1.3 企业网络治理困境的典型案例

本书归纳了网络治理的典型案例（见表 3-1），由此提炼出企业网络治理特征，并在此基础上提出破解企业网络治理困境的思路。

表 3-1　企业网络治理困境典型案例

序号	案例名称	网络风险	治理困境	案例来源
案例 1	银行网络	合作企业因存在高度信息不对称而相互不信任	机会主义	Chen 等（2023）
案例 2	诺亚事件	承兴国际涉嫌欺诈	机会主义	Liu 等（2021）
案例 3	Cops 项目合作网络	组织协调不足会加速设计变更风险的传播	协调	赵良杰和宋波（2015）
案例 4	热镀锌企业联盟	联盟内关于知识产权信息分享和知识转让争议	协调	Barbic 等（2016）

续表

序号	案例名称	网络风险	治理困境	案例来源
案例 5	雷诺 Re-Factory	对新的关系的管理	协调	Stekelorum 等（2021）
案例 6	马其顿供应链	合作伙伴对披露信息犹豫不决，并对所收到信息的有效性持怀疑态度	信息共享	Mirkovski 等（2019）
案例 7	Zeta 产品开发网络	不愿共享信息	信息共享	Lee 等（2021）
案例 8	世界旅游小姐大赛	组织的网络权力差异明显，核心节点控制着整个网络的生存与发展	网络权力配置	孙国强等（2016）
案例 9	SHIPCo 国际贸易网络	运输流程实时控制困难，责任归属存在冲突	监督追责	Sarker 等（2021）
案例 10	开放式生态系统	合作主体间在收益分配方面存在争议	利益分配	解学梅和王宏伟（2020）
案例 11	铁路网络	组织间在资产信息维护管理方面互不信任	信任危机	Abbas 等（2020）

　　上述案例反映出企业网络治理的主要特征与困境。随着网络结构的变化和治理手段的调整，企业网络治理仍然具有信息和认知的现实约束，存在多种企业网络治理困境。

　　首先，企业网络是介于市场和企业之间由多节点连接构成的网络型组织，兼具"企业—市场"的双重角色。尽管结构嵌入为组织带来重大利益，但是在高密度网络中组织间的信息越来越同质化，此时组织之间的关系连接并不能带来更多的信息与机会，不利于创新活动的开展，反而需要组织付出大量的资源和精力来维持网络关系。组织投入大量资源极易产生"锁定效应"，从而引发机会主义行为。另外，随着网络结构日益高度分散，导致组织缺乏共同的愿景，规则和制度的约束力减弱，组织间协调和信息共享更为困难。可以认为，企业网络既是一种组织形式，也是网络管理者。如案例 1 中尽管核心节点银行对各机构进行信用验证并进行业务监管，但节点的欺诈性行为仍屡禁不止。案例 4 中的意大利"热镀锌企业联盟"由 Alfa、Hephaestus、Eta、Polytech 四家企业组成，其主要目标为生产热深镀锌炉的新控制器，以降低能源浪费。在产品开发初始阶段，契约治理和关系治理均作为重要的治理形式，然而随着发展，联盟内在知识产权信息分享和知识转让方面存在巨大的争议，信任破坏和矛盾冲突造成协调障碍，此时，单一的治理机制在解决网络协调障碍方面效率不高。由案例 2、案例 4 可以看出，企业网络具有制定规则、实施治理、监管交易的特征，也可以看出企业网络在制度设计方面存在的问题。

其次，当前的治理手段未形成有效的约束力。如果契约治理和关系治理等治理手段对组织间关系起不到约束作用，那么都可以视为是网络治理的低效率状态。组织在合作交流时具有高度不确定性和复杂性，不可能事先制定完美的契约，而依赖于关系治理并不能在紧急情况下为网络治理提供正式的框架和明确的指示（Yang et al.，2017）。此外，契约治理是依赖于法律手段的显性规则，是明确且有边界的，而信任和惯例等隐形治理手段在某些条件下也可能产生负面影响，这使组织面临治理难题（Mishra et al.，2021）。当矛盾发生后，组织间进行合同的重新谈判，合作方对已签订的合同进行修订，而后签订更为详细、明确的正式合同。但是，治理机制的动态调整使网络治理产生高昂的协调成本和治理成本，并不会对产生组织间阴暗面的根源，即信息不对称（信息约束）和有限理性（认知约束）造成根本上的破坏，网络治理似乎都陷入对关系治理和契约治理进行补充与修正的困局中，治理结果不甚理想。案例1、案例2中的银行网络和供应链金融网络均采用了契约协议和关系治理对组织行为进行约束，然而仍存在个别组织利用合约漏洞进行投机取巧的现象。由此可见，网络治理常用的治理机制，即契约治理和关系治理依然是"人与信息对话"情境下的治理探索，无法真正突破信息约束与认知约束的范畴。企业网络需要创新治理方式，通过数字化、多元化的治理手段约束组织行为。

最后，网络治理困境的异质性明显。企业网络治理困境的类型既包括机会主义行为（案例1、案例2），也包括组织间协调（案例3、案例4和案例5），有的案例存在的网络治理困境来源于组织间信息共享效率低下（案例6、案例7）。部分企业网络的风险来源于合作企业在网络中位置和网络权力，网络权力配置失衡致使网络协作效率低下，不利于整体网络的发展（孙国强等，2016）。有限监管与权责难辨也会引发组织间的业务冲突与合作困难，如案例9中涉及40多位参与者，且每位参与者都扮演特定角色。正是由于链条太长，容易滋生违法行为，然而管理者却忽略了控制和监控职责（Sarker et al.，2021）。部分网络涉及利益分配风险、信任危机等网络治理困境（案例10、案例11）。由此带来的启示是，企业网络治理困境的类型多样，异质性明显。

通过上述典型案例可知，企业网络治理是独立组织通过合约和关系嵌入的方式，进行制度安排以实现企业网络协同目标和协调组织成员的过程，目的在于解决组织间合作存在的问题。然而，实践中仍然存在诸多难题亟须解决，且各网络的治理困境显现出异质性。通过上述案例可以看出，企业网络治理面临机会主义风险、协调障碍、信息共享难、网络权力配置失衡、监督不易、追责难、利益分配风险以及信任危机等治理困境。囿于本书篇幅，在此仅选择信息共享、机会主义以及协调三个方面进行研究。

（1）信息共享难。信息共享是不同终端之间，通过网络交互、管理信息，从而促进资源有效配置和降低交易成本。然而信息共享实践中存在许多问题。首先，企业网络内各个参与主体掌握的信息具有典型的不对称特点，参与主体各自拥有独立的信息管理方式和系统，使跨组织的信息共享难度大，数据要素的流动与治理需求严重脱节，形成"信息孤岛"。而"信息孤岛"现象会导致各参与者之间的数据要素交换不平衡、协作效率低下、工作环节重复、交易成本高昂。其次，各企业信息化程度参差不齐，没有办法做到一致的信息共享，且组织之间存在共享数据与保护隐私的矛盾。出于隐私和安全性顾虑，有些企业不愿意与网络中其他企业进行信息的共享、系统的互联互通。最后，组织间缺乏统一的信息交互标准。技术实力强的企业往往都是自建企业管理系统，各家的标准和规范千差万别，导致针对每家协作企业都需要制订特定的信息交互方案，多个组织间数据流动与共享的成本高昂。

尤其是由传统数据库技术所构建的网络基础架构缺乏有效的连通和信息传导接口，不同合作主体不关注甚至也不会为其他主体的信息提供安全保障。没有改变数据存储的中心化模式、条形数据结构无法转换成关联背书的块状数据结构、数据结构标准不统一，都给后续的数据处理和分析造成很大困难。数据传输网络仍然是从客户端到服务器的传输协议网络，缺乏直接的信息共享与交流。所以，传统数据存储技术在企业网络信息共享中存在很多不足。技术上的约束，决定了信息共享仍然是"人与信息对话"情境下的信息传导，在监管不力的情况下，积极合作、诚信共享信息的相关利益主体容易被不良参与主体伤害和利用，从而影响提供真实信息主体的积极性，会造成信息迟滞或者"牛鞭效应"。

（2）机会主义风险。大多数研究都认为，合作伙伴会互相合作并公平分享利益而促进自身发展。然而，部分学者认为，组织间关系的根本动机是获得竞争优势，其中，每个组织都试图通过使用影响力策略和实施可能对关系有害的行为来强化其优势（Clemens & Douglas，2005），其中的一种行为便是机会主义行为。如案例1、案例2中所呈现出的网络困境，归根结底是由于网络中某一方因一己私利而不惜损害合作者利益、违反合约规定和违背承诺所导致。因此，从理论和实践的角度来看，机会主义行为可以在任何条件下发生，这使合作双方难以遏制的机会主义行为成为影响组织间关系的因素（Huo et al.，2016）。尽管已有学者采用不同形式的治理手段对机会主义行为进行治理，但数字经济时代的机会主义具有更高的技术隐蔽性和边界模糊性，且产生的原因更为复杂（吴瑶等，2020），当前的治理手段不足以解决与应对新挑战，迫切需要引入新的治理手段来应对更为复杂多变的机会主义行为。

（3）协调障碍。企业间合作最理想的结果之一是实现有效的协调。然而在高度复杂的企业网络中，协调既带来了重大机遇，也带来了一些需要应对的障碍。目标冲突、技术和组织政策之间的不一致、缺乏足够的资金、缺乏沟通等（Dubey et al.，2022）均会造成组织间协调障碍，组织间协调仍然是一个需要破解的治理难题（Ruesch et al.，2022）。例如，案例5中的雷诺集团为发展循环经济与相关企业组建 Re-Factory 网络，尽管网络内具有专门从事回收工作技术和进行废物管理公司 Boone，但 Boone 的金属回收活动与汽车再造活动截然不同，网络原始中的汽车制造价值链受到再制造环节的影响。由于跨行业活动需要新的协调，但是Boone 安于现状，不愿进行改变并拒绝沟通，由此带来 Re-Factory 网络面临解散的危机。另外，很多组织间的协调往往还存在人工干预的情况，如通过电话、邮件、传真等手段来达成组织间的协调，导致组织间协调成本高昂，协调难以控制。通过持续的沟通、共同解决问题和角色转换对协调障碍进行破解时，由于缺乏信息系统集成致使沟通不畅、协商不足、权责混淆，最终使协调难以实现（Ren et al.，2008）。此类问题使企业网络内的协调故障时有发生，影响组织间合作。

综上所述，信息共享难、机会主义风险、协调障碍是影响网络治理效率与效果的关键问题。企业网络需要创新治理方式，对每一个治理问题制定管理与控制方案，实现网络治理目标。在信息不对称和有限理性前提下的企业网络需要突破已有治理手段。

3.2　区块链特征及应用场景

3.2.1　区块链技术的基本特征

区块链被定义为分散的数据库和分类账，用于维护和跟踪安全、防篡改的交易及记录（Swan，2015）。区块链将信息存储为块链，每个块在具有加密结构的计算机网络中都有多个副本，从而可以提高系统的安全性并防止数据被篡改和伪造。在各种数字技术中，区块链技术的固有特性和潜力可以彻底改变企业、行业和组织间网络（Tapscott & Tapscott，2017；Tönnissen & Teuteberg，2020）。

　　区块链的精确定义存在争议。但是，其本质是已经广泛使用的六种技术的组合（见表 3-2），是使用多中心化共识维护的一个完整的、分布式的、不可篡改的账本数据库：第一个是分布式账本，即在网络之间复制和共享交易记录的公开数据库，网络内节点共同维护共享数据库。每个合作伙伴通过记录所有交易的分布式网络共享一个公共分类账（Saberi et al.，2019）。第二个是 P2P 技术，在此技术下，系统参与者共同形成和运行网络，而不依赖于中央机构或集中式基础设施，节点可以通过点对点拓扑结构在链中互相通信。通过 P2P 网络结构，网络内交易数据很少会由于单个节点的故障而丢失，且无法被恶意篡改，以及被未经授权的各方访问。第三个是时间戳技术，也就是给每一份链上数据块的哈希值加上时间标记，从而能够有效追溯数据信息的产生时间，并对网络内的数据块进行时间排列，从而形成完整的区块链条。第四个是共识机制，是区块链网络节点对链上交易信息进行验证并达成全网一致共识的机制。通过与共享分类账的每个节点进行交易验证，在拥有权限的所有合作伙伴之间就每笔交易信息达成共识，从而消除了对中介与中心机构的需求，并实现了上链信息的全网验证，有助于减少欺诈行为和不准确的交易（Saberi et al.，2019）。第五个是加密技术（使用配对的公钥和私钥），它允许通过公共网络进行安全的交易传输，只有持有正确私钥的节点才能够访问。交易被网络中的参与节点所保护，这些节点通过算法生成哈希值，并将哈希值定期添加为新块。哈希是一个长度一致的数据字符串，充当唯一标识符，可以验证在制作哈希时记录的交易，从而使区块链与其他的共享分类账不同。因为区块链上记录的交易一旦添加，就不能被任何的权威组织操纵或篡改（Böhme et al.，2015）。第六个是智能合约技术，通过代码编写并存储为计算机程序（Saberi et al.，2019），可以自动验证和批准满足规定协议的有效交易。由此可以看出，区块链能够保证数据传输和访问安全，并有效维护节点间数据的一致性。

表 3-2　区块链的组成技术

技术类型	描述
分布式账本	分布式账本是在不同节点而不是中心位置维护的数据库

续表

技术类型	描述
P2P 技术	系统参与者共同形成和运行网络，而不依赖于中央机构或集中式基础设施
时间戳技术	使用数字签名技术对网络内所有交易进行签名并按照时间顺序排列
共识机制	当网络中大多数节点就数据的价值达成一致验证时，才能够允许安全更新记录
加密技术	由公钥和私钥组成，公钥用于加密数据，私钥用于对节点进行身份验证
智能合约技术	通过代码编写并存储为计算机程序，自动验证和批准满足规定协议的有效交易，对协议进行自我验证、自我执行和防篡改

　　通过其技术组成可以得出，区块链正以其独特的技术特征重塑信息共享和交易的方式。以下是区块链技术的五个重要技术特征，这些特征共同构成了其核心优势：其一为信任技术，区块链技术通过加密和共识机制，为交易双方提供了一个建立信任的平台。这种信任不是基于对第三方中介的依赖，而是源自于区块链本身的透明性和不可篡改性。从而在没有长期互动的情况下，双方也能快速建立起信任关系。其二为共享技术，区块链的共享技术允许组织之间建立一个安全、可信的信息共享环境。所有参与者都能够访问到相同的数据副本，确保了信息的一致性和可验证性。这种高效的数据流通机制，极大地促进了信息共享的速度和质量。其三为规则技术，智能合约是区块链中的一个关键概念，它允许在区块链上编写和部署自动执行的合同条款。这意味着一旦条件满足，合约就会自动执行，从而确保了交易的规则性，避免了人为的规则漏洞和违约风险。其四为扩张性技术，区块链系统作为一个规则交互的网络，其规则和协议适用于所有参与的组织和个体。这种特性使区块链的规则具有扩张性，能够跨越不同的组织和边界，实现统一的规则执行和数据管理。其五为治理性技术，区块链技术通过智能合约和监管节点的设置，提供了一种新的治理机制。监管节点可以在不同级别上对数据和运行情况进行监管，实现穿透性的监管效果。这些技术特征使区块链技术在企业网络治理中具有巨大的潜力。它不仅可以提高交易的效率和安全性，还可以降低交易成本、增强组织的协同效应。此外，区块链技术还能够支持更加灵活和适应性强的治理结构，以应对快速变化的市场环境。

　　由区块链的要素和技术特征衍生出数据不可篡改性、多中心决策、数据集体维护、共识和自动化的核心特性（Treiblmaier，2018）。数据不可篡改性是区块链技术的基石之一。一旦数据被记录在区块链上，就无法被更改或删除。这种特性通过非对称加密技术实现，保证了数据的安全性和完整性。区块链的数据按时间顺序排列，形成了一个不断增长的链条，任何试图篡改历史记录的行为都会被系统拒绝，因为新的区块必须与前一个区块的哈希值相匹配。这种结构不仅使数据的变动留痕，而且能够快速定位和识别任何异常行为，有效防止了恶意节点的篡改行为。多中心决策是区块链技术的另一个关键特性。在传统的中心化系统中，交易需要通过中央机构来验证和处理。而区块链技术通过分布式账本技术，实现了去中心化的决策过程。这意味着交易的验证和记录不再依赖于单一的中心机构，而是通过网络中的多个节点共同完成。这种多中心化的决策机制提高了系统的抗风险能力，降低了单点故障的风险。数据集体维护体现了区块链技术的民主化和去中心化特性。在区块链网络中，所有的数据、状态信息以及智能合约的执行都是由网络中的多个记账节点共同参与的。每个节点都保存着区块链的完整副本，共同参与到数据的验证和更新过程中。这种集体维护机制不仅提高了数据的安全性和可靠性，还增强了系统的透明度和公正性。共识机制是区块链技术中用于确保所有节点对链上数据达成一致的算法和规则。共识机制通过特定的算法，如工作量证明（PoW）、权益证明（PoS）等，确保网络中的节点在数据的添加和验证上达成一致。这种机制既是区块链网络能够正常运行的保障，也是维护数据一致性和防止双重支付等欺诈行为的关键。自动化则是智能合约所带来的直接结果。智能合约是一段编写在区块链上的代码，它能够在满足预定义条件时自动执行。这种自动化的执行机制不仅提高了交易的效率，而且减少了人为错误和违约风险。智能合约的自动执行确保了交易的规则性，使所有参与方都能够在没有第三方干预的情况下，按照既定的规则进行交易（Treiblmaier，2018）。

因此，本书在区块链的组成技术及核心特征的基础上，借鉴 Lumineau 等（2021）的研究，将区块链技术的技术特征划分为两类，即分布式共识和自动可执行（见图 3-1）。其中，分布式共识指的是合作各方对链上数据的真实状态保持一致，同时确保数据在整个系统中被复制，单个参与者很难绕过共识算法并获得对数据的控制，从而确保了数据的真实性。自动可执行指的是在技术驱动的系统中自动运行，通过预先编写的程序，自动验证和批准满足规定协议的有效交易，解决了人类行为者的不可预测性和无法处理大量信息能力的问题。

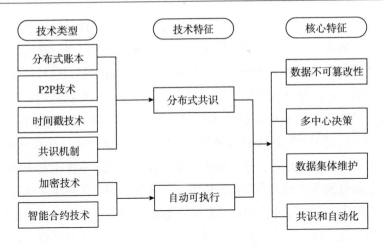

图 3-1　区块链技术的基本特征

3.2.2　区块链技术的融合应用场景

3.2.2.1　区块链技术融合应用研究热点分析

为厘清区块链技术的应用场景、研究热点并探索其基本演化轨迹，本书采用文献计量法与内容分析法，运用 Citespace 软件对被引文献、关键词进行科学化的共现图谱呈现，结合内容分析法识别出区块链技术应用研究的知识基础、研究热点、演化路径。另外，文献内容分析的目的是补充文献计量方法的缺陷。因此，本书采取文献内容分析的方法对相关研究进行深入挖掘，以呈现出科学而翔实的研究样貌。本书的样本文献来自 Scopus 核心数据、中国知网 CNKI 以及 CSSCI 数据库。

文献中所含的关键词代表了其研究的核心问题，通过文献计量法对关键词进行共现分析可以体现该研究领域中的热点问题。本书通过关键词共现分析图谱进行分析，整理出高频关键词（见表 3-3）。

表 3-3　高频关键词

类别	英文关键词（频次/中介中心度）	中文关键词（频次/中介中心度）
相似之处	blcokchain（867/0.18）、smart contract（130/0.08）、bitcoin（123/0.07）、big data（14/0.01）、fintech（53/0.04）、digital economy（18/0.03）	区块链（361/1.35）、智能合约（23/0.01）、比特币（21/0.03）、大数据（21/0.02）、金融科技（29/0.01）、数字经济（24/0.01）

续表

类别	英文关键词（频次/中介中心度）	中文关键词（频次/中介中心度）
相异之处	cryptocurrency（146/0.07）、supply chain（92/0.07）、distributed ledger technology（58/0.05）、decision making（29/0.02）	数字货币（42/0.06）、供应链金融（25/0.03）、去中心化（22/0.05）、互联网金融（19/0.01）、供应链金融（25/0.03）

结合表 3-3 可以发现，国内外研究主题的相似之处在于：国内外都比较关注区块链在数字货币方面的应用、智能合约在管理中的作用以及区块链作为"金融科技"对现代金融业的影响等。但无论是从关键词频次来看，还是从中介中心度来看，国外对比特币的研究更为深入，这一结果是符合预期的，因为区块链发端于 Nakamoto 所提出的用来传播比特币和相关货币交易的加密机制。

相异之处在于：对区块链技术在经济管理领域的应用，国外更集中于加密货币、供应链管理、分布式账本技术的应用研究以及区块链对实体经济中决策的作用，国内更注重于研究区块链作为推动数字化转型的一个关键技术对实体经济的影响及其在解决中小企业融资难、企业间道德风险等问题中的作用。

为了进一步探索区块链技术在经济管理领域的研究热点，本书在关键词共现分析的基础上，对其进行聚类分析（见图 3-2、图 3-3）。可以看出，各个知识群紧密度 s 值均大于 0.7，说明各个聚类内部关联度较好，成员同质性强。国内的研究热点主要集中在金融方面，而国外则呈现出了不同的研究方向。相对成熟的领域为：#2 人工智能、#3 供应链金融、#1supply chain management、#4 互联网金融等。还有一些新兴热点领域，如#0 crytocurrency、#8 smart contract 等。

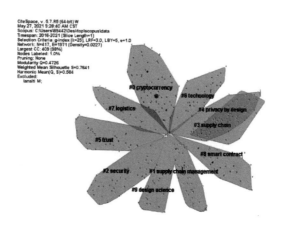

图 3-2　国外关键词聚类图谱

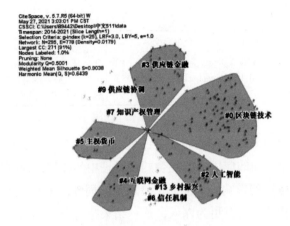

图 3-3　国内关键词聚类图谱

结合关键词聚类以及已有文献的具体研究内容发现，区块链应用的研究热点主要聚焦在以下 4 个方面："区块链+金融""区块链+供应链""区块链+组织管理""区块链+其他"。

（1）"区块链+金融"。金融领域固有的信用传递难、交易成本高、数据易泄露、信息不对称等问题是学者历来重视的研究课题。区块链技术的出现将从构建可信的数据环境、提升金融机构可信度、创新监管模式等方面引领金融基础设施发展。利用区块链技术的数据不可变、信息可追溯等特性可帮助解决数据泄露、信用传递困难、信息不对称等金融困境，尤其是通过构建可信交易环境、创新监管模式、保证信息安全将实现金融基础设施的更新与变革（巩世广和郭继涛，2016）。现有区块链技术主要应用于支付结算、供应链金融、保险等金融领域（王昱等，2022；Lombardi et al.，2022；杨德明等，2020）。吴桐和李铭（2019）基于区块链技术特性探讨其对防范金融风险的积极作用，同时创新监督模式，以实现金融领域的创新发展。部分学者通过区块链技术与其他技术的结合应用以分析其对金融机构的影响（蔡恒进和郭震，2019），并对传统金融模式和区块链技术支持的金融模式进行对比分析（龚强等，2021），得出区块链金融模式不仅可以有效解决传统金融所面临的交易风险、信息不对称等痛点问题，而且还能提高整个供应链金融网络的收益。可以看出，当前区块链在金融领域的应用仍处于技术浅层应用层面，在防控金融风险、传递信用价值方面发挥着重要作用。

（2）"区块链+供应链"。区块链技术的信息透明度和可追溯性，有助于整合供应链金融中企业的真实交易信息和背景，从而降低核心企业和金融机构的监管成本，防范信息操纵、恶意欺诈行为，提高供应链整体效率。尤其是区块链技术的透明度、去中心化、信息可追溯等特性，有助于各方对企业的交易信息和背景资料进行验证（龚强等，2021），且对恶意节点的违规行为进行有效威慑。全球数字化的趋势推动着供应链的创新，区块链作为一种颠覆性技术，将推动供应链底层基础技术的变革，特别是数据可追溯性，将助力网络成员对产品流通各环节进行确切追踪，共识机制和不可篡改性实现了数据的真实性和安全性，从而提高业务执行的效率并降低风险（Chod et al.，2020）。另外，区块链技术可以作为促进组织间信任建立的有效工具，通过信息上链减少成员间的信息不对称，从而抑制欺诈等机会主义行为（Yermack，2017）。此外，区块链的多中心决策特性可以减少对第三方中介机构的依赖（Saberi et al.，2019），有效降低交易成本，并避免依赖集中化所带来的风险。Treiblmaier（2018）重点基于新制度经济学，探索性回答了区块链对供应链结构和治理的影响，后续实证检验奠定了基础。有学者认为，现有的制度理论和技术接受模型无法阐释组织在考虑是否采用区块链技术时的管理决策过程，创新性地将感知制造理论作为基础理论，探索性地回答了区块链技术可为供应链带来透明度提高、信息安全共享、信任机制健全的益处。已有文献多运用区块链的可追溯技术、智能合约技术解决供应链的产品质量、协议执行问题，而应用仍处于初级阶段，区块链尚未得到全方位的应用。

（3）"区块链+组织管理"。区块链在组织管理领域的应用主要聚焦于三个层面：区块链技术推动组织结构变革，分布式自治组织（DAO）是基于区块链技术衍生的新型组织模式；区块链技术促进组织间合作；区块链技术促进公司治理。Yermack（2017）提出，区块链技术会极大地影响企业与其利益相关者之间的权力平衡，公司股东投票会变得更加透明、可靠且成本更低，极大地缓解公司所有者与管理者之间因两权分离所产生的信息不对称问题。王文娜和刘戒骄（2020）为解决因委托代理而导致的企业高管颠覆性创新动力不足的问题，提出构建基于区块链技术的创新社区，通过将高管创新努力程度与所得报酬进行适配，限制高管的作伪动机，促使利益相关者与企业形成利益共同体，实现公司治理的目标。可以看出，区块链大大地增强了股东投票、信息记录的准确性、有效性和透明度（Yermack，2017），并通过提供绝对可信的线索，有效降低组织的风险以及更好地协调委托代理问题，促进公司治理。显而易见，区块链的应用将引发组织产生颠覆性的变化，然而许多组织仍处于观望状态，亟需提升应用意愿，实现产业驱动、链以致用。

（4）"区块链+其他"。区块链技术凭借其能够在业务流程中实现重大革新而获得认可（Pazaitis et al.，2017），现已拓展至能源、医疗、社会治理、司法、农业等其他经济领域。区块链因数据不可篡改、可追溯、合约自动执行等技术特征为实体行业的发展创造了多种优势（Marco & Lakhani，2017），如医疗数据的安全性、行政程序执行的简易性、司法存证的真实性和完整性、国际贸易的波动风险降低等。此外，在电子政务领域采用区块链技术，能够促进政务透明、快速审批，从而实现降本提效、透明可追溯、信息安全加密的政务治理目标（宋立丰等，2019）。具体应用场景如表3-4所示。

表3-4 区块链技术的应用场景

应用领域	研究问题	文献来源
"区块链+金融"	数字货币、支付结算体系、互联网金融、供应链金融、贸易、保险、审计、金融风险防范、监督机制	王昱等，2022；Lombardi 等，2022；杨德明等，2020
"区块链+供应链"	交易信息、监督成本、效率提升、风险控制	龚强等，2021；Saberi 等，2019
"区块链+组织管理"	组织结构变革、组织间合作、利益相关者权力平衡、公司治理改革	Lumineau 等，2021；Yermack，2017
"区块链+其他"	医疗、社会治理、司法、人工智能、国际贸易、物联网、农业、能源、教育等	Pazaitis 等，2017；Marco 和 Lakhani，2017；宋立丰等，2019

3.2.2.2 区块链技术融合应用研究框架分析

应用式研究的提出是为了解决社会需求中的复杂问题，整合多学科的知识、技术、方法形成新的创新框架。通过对已有研究的深度分析发现，现有区块链与实体经济应用研究主要聚焦于金融、供应链、组织创新、政府治理等方面，交易成本理论、公司治理理论、IT 治理理论等作为区块链应用的理论支撑，形成了"应用动因—应用效应—应用治理"的逻辑关系。因此，本书基于区块链应用的逻辑关系，从应用的因素、效应、治理 3 个方面对现有研究进行深入分析，并应用相关理论进行剖析。

（1）应用因素研究。区块链在实体经济领域的应用是传统行业为了克服发展难题、实现数字化转型而进行的，之后，影响区块链应用的因素研究越来越丰富。通过整理相关文献发现，区块链应用受到多重因素的影响，有学者指出，区块链应用受到驱动因素和阻力因素两个方面的影响。还有学者基于"技术—组织—环境"（TOE）框架分析区块链应用的动因及障碍。在梳理现有区块链应用影响因素的文献后，本书从驱动因素和阻力因素两个方面对区块链应用的影响因素进行解析。

区块链应用的相关研究较多地从内在动因和外在动因两个方面对应用的驱动因素进行解析，并认为内部动因为深度应用提供驱动力，外部动因则为深度应用提供重要保障。在内在动因方面，低成本和风险管理需求是促使区块链应用的关键动力因素。交易成本理论指出，有限理性和机会主义是交易中风险的根本来源，组织各方为降低交易风险和治理成本，需要做出治理选择以实现合作和协调。区块链作为新兴治理机制凭借其独立自主的正式规则体系，有助于从源头上减少合作失败的风险，通过创建防篡改的永久交易记录使不当行为透明化且可追溯，降低交易环境的不确定以及谈判、执行与管理关系的成本。另外，区块链通过提高透明度和可追溯性、促进企业数字化和非中介化、提高数据安全性以及应用智能合约4个方面提升组织间信任水平，解决合作过程中存在的安全风险，改造和重塑网络成员间的关系，提高组织协同效率。此外，基于技术接受模型，组织内高层管理者支持帮助组织克服采纳技术的障碍，营造创新型环境，激发员工对区块链改善组织绩效的认知，从而推动区块链的深度应用。

除降低成本、风险管理、信任以及高层管理者支持的内在驱动因素，区块链应用还受到区块链技术特性、数字化竞争、政策支持等外在因素的驱动。区块链具有的可追溯性、去中介、透明性、不可篡改性等特性衍生出具有实质性管理含义的概念，如来源、信任、确权、共识等，促进区块链与实体经济的深度融合。另外，企业面临着激烈的数字化竞争，迫使其采用区块链技术等颠覆性创新，以期成为数字化先行者获得竞争新优势。政策支持是推动区块链应用的催化剂，政府出台的多项有利于推动区块链技术发展的政策将鼓励企业家选择并实施创新，引发制度形式的区块链创业实践，这成为区块链应用的又一关键驱动因素。

区块链尚未达到其最佳成熟度水平，应用过程存在各种障碍，许多学者围绕区块链的应用障碍展开探究。通过对文献的梳理，将其归纳为组织内障碍、组织间障碍、技术障碍和外部障碍。在组织内方面，由于区块链技术是一种信息技术，它可能是破坏性的，需要改变或替换现有系统，新系统将会改变组织文化，从而导致个人和组织的抵制及犹豫。组织间障碍主要体现在信息共享规则方面，由于区块链技术保证信息的透明性，使某些合作伙伴不愿共享有价值的关键信息，从而限制区块链技术在组织间的应用。区块链技术仍处于早期开发阶段，在可扩展性和处理大量事务方面被认为是不成熟的技术，以及无法保证原始信息的准确性。此外，许多国家还没有制定完善的区块链技术监管指南，使区块链技术存在应用风险。因此，需要对区块链技术进行严格监管，以避免产生欺诈和其他损害市场和消费者利益的非法活动。

（2）应用效应研究。现有研究主要关注区块链应用所引起的绩效提高和治理改善这两方面的效应。Kusi-Sarpong 等（2022）提出，区块链技术通过转变关键业务流程和加强组织内和组织间的整合，将合作提升到了一个新的水平，使组织快速把握新市场，加快新产品的推出，最终使组织获益。Lumineau 等（2021）指出，区块链作为智能合约的引擎，通过遏制机会主义行为、降低交易成本，从而促进组织间合作和协调，改善治理问题。在绩效提升方面，相关研究主要关注参与方的效益，如增强企业的营利能力、提高企业绩效、减少交易成本等。学者主要基于交易成本理论和动态能力理论揭示区块链应用效应的原理。首先，在交易成本理论背景下，高度依赖和行为不确定性会大大增加交易方的成本，而区块链可以通过智能合约的自动决策减少有限理性对执行成本的影响，以及降低交易复杂性、信息不对称和契约不完整性，同时不依赖中介的交易模式可以减少交易层级，缩短运营时间，从而提高绩效，增强企业营利能力。其次，动态能力理论认为，动态能力增强了组织做出决策、解决问题、识别机会和威胁以及更新现有资源的能力。因此，使用区块链技术可以作为组织保持竞争力的一种手段，通过更新设计合作流程来创造价值，提高合作网络的可信度、透明性、不变性、可靠性，并在降低交易成本、增加新产品和服务、自动执行和分散决策方面提供竞争优势。在治理改善方面，区块链能够促进组织间合作与协调、增强组织信任、化解公司治理难题等。具体而言，在合作网络中，成功的合作往往来之不易，因为固有的信息不对称使合作者缺乏信任。而区块链改变了伙伴选择、协议形成与执行的合作过程。特别是代码的自动执行，有助于从源头上减少合作失败，遏制机会主义行为，实现合作过程记录的不可变更，并防止单方面的人为篡改。此外，区块链可为组织间合作中的合同制定、资源共享和转移提供解决方案，有助于增强信任，降低合作中的风险和成本，将基于关系的信任转变为基于系统和代码的信任。特别是在区块链的影响下，公司治理将在股东投票、会计核算等方面取得成效，缓解委托代理问题，丰富公司治理理论。

（3）应用治理方面。有效的区块链治理对于区块链的成功实施及其适应、变化和交互的能力也至关重要。可将区块链治理定义为，在给定区块链应用的背景下，实现对利益相关者的控制和协调的方法。对现有区块链应用治理的相关文献进行梳理发现，学术界主要从治理维度、治理结构、治理规则3个方面探讨区块链治理。在治理维度方面，区块链治理维度被定义为与区块链治理相关的主题。基于IT治理的理论视角，Beck等（2018）提出，区块链治理维度为决策权、责任制和激励措施。有学者在此基础上通过对现有文献的梳理，将区块链的治理维度分为背景、角色、激励、成员、沟通和决策6个维度，并将其融入链下组织、链下执行和链上协议3个治理层，形成区块链应用的治理框架，以此来促进利益相关者之间的协调，帮助组织快速、高效地使用区块链开展业务。在治理结构方面，由于区块链具有分散性，其治理不同于传统的市场或等级治理。区块链应用的实践中往往不需要总部或者CEO的存在，相反依赖于编写协议的分布式开发人员网络。因此，将区块链应用的治理结构分为外部治理和内部治理。其中，外部治理是指外部利益相关者对区块链应用项目的影响，如政府的监管和法律的设定。内部治理从区块链层面的所有者控制、协议层面的治理以及组织层面的管理模式3个方面出发。具体而言，区块链层面上验证者的行为受编码的规则和激励的引导，有权决定接受哪些交易，验证者权力过大的问题可通过股权证明机制、预挖掘机制等解决。区块链应用程序的开发人员是协议层面的关键利益相关者，正式投票程序可实现协议治理的分散决策。在治理规则方面，区块链应用是一个长期的过程，设计促进沟通和任务分配的规则是至关重要的。区块链根据智能合约定义的规则自主执行约定的交易，然而在某些情况下可能无法实施自主交易和强制执行，因此，解决这些争端需要一定的治理规则。治理规则主要体现在以下两个方面：一方面是参与者定义的由软件、协议、程序、算法等技术要素组成的自治技术规则。在这种情况下，区块链的联盟模式通过共享技术，可以合作制定区块链治理相关技术规则。另一方面是由外部监管机构定义的监管规则，如监管框架、规定、行业政策等，这些规则可在不抑制创新的情况下引导区块链的深度应用，并为整个区块链生态系统保驾护航。

区块链技术自诞生以来，以其独特的去中心化、不可篡改和透明性等特点，被视为一种颠覆性的创新。它不仅推动了传统企业的转型升级，而且在重塑业务流程方面发挥了重要作用。通过区块链技术，企业能够实现更高效、更安全的数据交换和管理，从而提高运营效率、降低成本，并增强竞争力。尤其在商业运作和管理模式上，区块链技术的应用催生了一种全新的模式，使组织在没有中心化权威的情况下进行交易和协作，在很大程度上降低了信任成本，并促进了更广泛的合作。例如，在供应链管理中，通过区块链的应用，可以确保产品从生产到交付的每一个环节都可追溯，增强了供应链的透明度。此外，区块链技术在金融、医疗、法律等多个领域也展现出巨大的潜力。在金融领域，区块链可以提供更快速、更低成本的跨境支付解决方案；在医疗领域，它有助于保护患者数据的隐私和安全；在法律领域，智能合约的应用可以自动执行合同条款，减少纠纷。

学术界对区块链技术的研究也日益深入，不断探索其在不同领域的应用可能性和潜在影响。这些研究不仅具有重要的理论价值，而且对于指导实践、推动技术发展和创新具有指导意义。随着技术的不断成熟和应用的不断拓展，区块链技术有望在未来的商业和社会活动中扮演更加关键的角色，成为推动社会进步和创新的重要力量。

3.3 区块链技术破解企业网络治理困境的实现机理

通过前文对企业网络治理困境及区块链技术特征、应用场景的分析可以看出，多年来通过治理手段对组织间关系进行治理的实践众多，而利用信息技术对企业网络进行治理的案例则相对较少。尤其在数字化情境下，企业网络治理面临更为复杂和动态的环境，信息不对称和有限理性更为严峻，尤其是面临信息共享效率低、机会主义行为难遏制、组织间协调障碍等亟须解决的治理问题。依靠传统治理手段的企业网络治理依然是"人与信息对话"情境下的探索，无法真正突破信息约束与认知约束。

当前随着新一代数字技术的发展，企业网络治理迎来了依靠数字技术打破信息约束和认知约束从而解决现有治理困境的机遇。传统的治理模式在面对信息不对称、有限理性以及机会主义行为等问题时显得力不从心。然而，区块链技术的兴起为这些问题提供了创新的解决方案。作为一种制度性技术，区块链以其分布式共识和自动执行的特性，为大规模协作提供了技术支撑，使企业网络治理能够突破传统的信息和认知限制。区块链技术被誉为大规模协作的技术工具，其依托分布式共识、自动可执行的特征而成为"制度性技术"，在治理方面具有得天独厚的优势。在企业网络中，区块链可以作为一种信任的中介，降低交易成本、提高交易效率。通过智能合约，区块链能够自动执行合同条款，减少人为干预，从而有效抑制机会主义行为。此外，区块链的分布式账本技术还能够确保信息的实时共享和同步，优化信息共享流程，提高信息共享的效率和准确性。近年来，越来越多的企业网络对区块链技术展开应用探索，将区块链技术嵌入网络以解决组织间协作面临的现实问题。例如，在供应链管理中，区块链技术可以确保从原材料采购到产品交付的每一个环节都可追溯，从而提高供应链的透明度。在金融服务领域，区块链可以提供更快速、更安全的跨境支付和清算服务，降低金融风险。区块链嵌入为企业网络治理打破信息约束与认知约束、优化治理效率和效果、抑制机会主义行为、提高组织间协调效率、优化信息共享提供了一条全新的路径。随着技术的不断发展和应用的不断深入，区块链技术有望成为企业网络治理的重要工具，推动企业网络治理向更高效、更透明、更可持续的方向发展。

因此，基于区块链技术的企业网络治理，将以数字技术具备的基本特征为核心驱动力，推动网络治理形式、功能、手段等的创新。反过来，传统的治理模式也正需要一种技术机制来革新，因此两者之间存在内在逻辑。区块链技术的引入不仅是一种技术层面的更新，更是治理理念和方法的革新。区块链技术的特征——共识和自动执行为企业网络治理提供了一种新的视角和解决方案。在信息共享方面，区块链技术通过建立一个去中心化的、不可篡改的分布式账本，确保了信息的透明性和一致性。这种特性使企业能够实时共享数据，降低了信息不对称的风险，从而提高了决策的质量和效率。此外，区块链的透明性也为增强组织间的信任奠定了基础，因为所有参与者都能够访问相同的信息，减少了信息被篡改或隐瞒的可能性。在抑制机会主义行为方面，区块链智能合约可以在满足预设条件时自动执行合同条款，减少了人为干预和操纵的空间。这不仅提高了合同执行的效率，也降低了违约的风险，因为一旦智能合约被部署，其条款将不可更改，确保了交易的公正性和可预测性。在组织间协调方面，区块链技术通过提供一个共享的、实时更新的数据库，帮助不同组织之间实现更高效的协作。这种协作模式减少了协调过程中的摩擦和误解，保证所有组织都能够访问相同的信息源，确保了信息的一致性和实时性。

从长远来看，区块链技术与企业网络治理的结合，将推动治理形式、功能、手段的创新。这种创新不仅能够解决当前企业网络治理面临的信息共享、机会主义和组织间协调等关键困境，还能够为治理手段的多元化、组织间信任的增进、信息共享风险的降低提供新的解决方案。

3.3.1 区块链技术破解企业网络治理困境的内在逻辑

区块链技术与企业网络治理在追求可持续发展目标上存在逻辑共契，而二者能够耦合的内在逻辑在于其结构和功能的契合。

3.3.1.1 结构互契：治理结构与区块链技术互构

无论是联盟区块链还是企业网络，均属于由多个节点、多个组织构成的复杂系统，其中，联盟区块链是由节点、连线构成，链上组织共同拥有控制权，共同参与管理的多中心化网络结构，而企业网络是由多个节点企业及其连接构成的网状结构。从结构视角来看，联盟区块链和企业网络在形式和功能上展现出了显著的相似性。联盟区块链是一种特殊的区块链形式，它允许多个组织在保持一定隐私和监管的同时，共享数据和业务流程。这种结构由节点和连线构成，每个节点代表一个组织或实体，而连线则代表它们之间的交互和协作。在这个网络中，所有链上组织共同拥有控制权，并参与网络的管理和决策过程，形成了一种多中心化的网络结构。企业网络则是一种由多个独立的企业或组织构成的网状结构，这些企业通过各种形式的合作关系相互连接，形成一个动态的、相互依赖的生态系统。在这种结构中，每个节点企业都拥有自己的资源和能力，它们通过合作和交流来实现共同的目标。

联盟区块链和企业网络在结构上的耦合性表现在三个方面：首先，它们都采用了扁平化的设计，摒弃了传统的中心化管理模式，使每个节点都能够平等地参与到网络的运作中。这种设计提高了系统的灵活性和适应性，使网络能够更好地应对外部环境的变化和内部需求的多样性。其次，多节点的特性意味着网络中的每个组织都能够贡献自己的资源和能力，从而增强整个网络的综合实力和竞争力。在联盟区块链中，这种多节点的特性通过共识机制得到了体现，所有节点共同参与到数据的验证和记录过程中，确保了网络的安全性和可靠性。最后，开放式的网状结构为联盟区块链和企业网络提供了广阔的发展空间。在这种结构中，新的节点和组织可以自由地加入网络，带来新的资源和能力，同时也为网络的创新和发展提供了新的可能性。

借助分布式账本技术，可使联盟区块链具有分散式点对点的网络结构特征，经过许可的节点可以访问相同的数据和完整的历史交易记录，而不依赖于中间组织或集中式的基础设施，去除了"中间人"（如中介或平台），实现了点对点的实时信息与数据的交换共享。更具体地说，在分布式网络中使用验证算法，每个节点存储所有交易数据的副本，并不断检查更改，以确保只有在各方达成共识时才会在区块链中添加新记录，从而实现信息的高效率记录、传输和反馈。尤其是在控制访问权限的联盟区块链中，将在网络参与者之间分配控制权，实现整体网络协同治理，而不由单个节点进行主导（Seebache et al.，2021）。

企业网络由两个或两个以上的独立组织组成，其目标是共同参与一项活动或汇集资源以实现一个共同的目标，是组织间进行合作以实现资源共享、降低风险的主要方式。然而，网络位置及占有独特资源的差异致使企业话语权大小不一，从而使网络治理结构存在差异。传统的中心化网络治理具有高度的集中化，核心企业为网络提供管理和协助成员组织努力实现网络目标。但是，中心化网络治理很容易加剧信息不对称程度，导致机会主义行为的发生。因此，分布式的协同治理是实现网络资源配置的较好选择。

区块链的去中心化应用架构、分布式数据库与企业网络的分布式网络结构存在耦合性（张夏恒，2021）。区块链技术的引入将推动企业网络治理方式产生裂变，利用信息点对点传输技术、分布式账本、非对称加密技术等优势，有利于推动企业网络多主体协同治理，推动传统的"串联"中心治理结构转变为扁平的"并联"多中心治理结构，实现治理结构扁平化、分权化和智能化。在基于区块链的企业网络系统中，网络主体可以进行数据要素、信息资源等的直接交换，区块链为网络提供点对点、分布式存储的技术支撑（付豪，2020），并为形成"共建、共治、共享"的多中心治理生态网络提供更多可能性。同时，区块链通过创建和维护分布式信息分类账来促进分散治理，降低了核心节点的突出地位，有助于形成更加扁平化的多中心网络架构，在提高网络密度的同时促使形成更加紧密的协作关系。总体来说，区块链技术与企业网络通过网络结构形成的网链耦合，在促使企业网络治理结构多中心化、规模化、扁平化、灵活性等方面起到了积极作用。

3.3.1.2   功能互契：治理需求与区块链技术特征契合

功能性耦合是区块链技术助力企业网络治理的重要支撑，其具有的技术特征是破解治理困境的主要驱动力。区块链技术可通过分布式账本、点对点传输技术和共识机制、智能合约等打破信息约束与认知约束，以满足企业网络的现实治理诉求。

一是区块链技术通过创建永久和共享的记录来提高信息透明度，所有人都可以查看这些记录，并且只能通过网络参与者之间的共识对其进行修改，从而区块链是一个不变的有序链（Akhavan & Namvar，2022）。信息的透明性、完整性等功能对于企业网络治理至关重要。随着网络复杂性的增加，区块链技术不仅可以有效地记录组织间的交互信息，节省共享信息的成本，而且可以优化企业网络治理，有效地呈现和验证交互信息。

二是区块链技术的特征将限制交易关系中的机会主义行为和行为不确定性（Schmidt & Wagner，2019）。区块链技术通过其分布式共识特征保证组织间交易的相关数据上链，并利用时间戳与哈希算法对数据进行时间排列与哈希值标识，从而保证网络数据高度透明、可追溯且不可篡改。组织违约的机会主义行为此时无处遁形，这在一定程度上遏制了其不良行为。另外，组织间交易等流程、合约的自动可执行可以避免人为因素带来的不确定性风险，减少有限理性带来的机会主义行为。

三是区块链技术通过对网络中的组织进行协调来保障可靠和值得信赖的交互活动。区块链是一个不可篡改的数字分类账，可以记录、存储和验证所有活动，而无须任何第三方组织（Lacity et al，2019）。因此，区块链通过创造可追溯性和透明度的交互信息，协调和控制整个网络流程，并在组织之间建立相互依赖关系（Gaur & Gaiha，2020；Iansiti & Lakhani，2017）。任何合作伙伴都可以实时访问信息以追踪相关合作阶段，可信的信息将减少组织间因信息不对称、不一致带来的冲突，从而提高组织间协调效率。

3.3.2　区块链技术破解企业网络治理困境的机理分析

区块链技术可以有效规制数据在网络环境下的产生和流动，降低组织间的信息不对称，重塑组织间关系，并为组织提供数字化的治理体系（付豪，2020；李晓和刘正刚，2017）。因此，在新一代数字技术的支撑下，基于区块链的企业网络治理将从"人与信息对话"情境向"数据与数据对话"情境转变，体现出区块链数字化治理在企业网络治理中的应用，形成"技术+制度"双重逻辑下的治理体系。

3.3.2.1　区块链技术优化组织间信息共享的机理分析

信息共享是提高企业网络运行效率的重要手段，是指企业网络中各组织主体在合作或共同完成任务的过程中能够共享数据或信息的一种状态。企业网络的发展取决于组织之间的双向信息交换，缺乏信息共享是组织间关系失败的根本原因，信息共享被视为降低成本和提高网络绩效的主要手段之一。然而，由于信息不对称问题并没有得到根本解决，致使网络主体间的信息共享不充分，甚至出现违规行为，如"搭便车"行为，使共享资源的持续性降低（Mishra et al.，2021）。此外，由于组织间信任不足，在信息共享过程中会产生数据操纵、篡改的风险，致使专有技术和专业知识的损失、议价能力的减弱甚至信息劣势的产生（Yu & Mark，2014）。尤其是当前不可互操作、隐私保护不足、安全性低的技术使信息共享成为一个艰难、昂贵和低效的过程。而区块链技术可以克服上述不足，区块链将系统算力与组织需求高效匹配，通过分布式账本和自动可执行机制，为多主体间提供具有安全性和稳定性的信息（Dubey et al.，2022），保障企业网络内各主体的信息共享效率，克服信息共享障碍（Debabrata & Albert，2018）。

第一，在区块链技术支持的企业网络中，分布式共识保证信息的创建和修改必须通过大多数组织的验证，确保历史记录信息是可靠的，实现网络成员之间信息的完整不变性，提高网络信息的透明度，有效解决当前信息共享过程中信息不完整、不准确的问题，突破信息传递障碍（Koh et al.，2020；Pournader et al.，2020）。特别是在联盟区块链中，对组织读取和写入数据的权限进行严格管理，确保共享信息具有高度的数据隐私性和安全性，实现了对信息资源所有者利益的充分尊重，能够很好地处理信息所有者与信息获得者之间的冲突与矛盾。此外，分布式共识可以确保组织间在共享合作过程中，信息归属权明晰，这有利于提升组织信息共享意愿（Saberi et al.，2019），进而促进网络内信息资源的流动。可以看出，区块链技术的分布式共识通过消除第三方中介、减少组织间信息不对称和增强信息完整性来促进安全的信息共享。

第二，Valero 等（2020）和 Piñeiro-Chousa（2021）研究发现，区块链改变了原有的网络环境，促进了组织间的沟通与协作，从而改善信息共享。基于信任和信息的高安全性，联盟区块链平台中的每位参与者都具有分享相关信息的意愿，与其他参与者进行沟通交流。公司可以利用基于区块链技术的信息机制来消除不确定性，提高信息效率和有效性，消除战略决策中的冲突和理解障碍，促进组织间数据流通，实现多方位的信息共享，从而解决网络治理难题（Mishra et al.，2021）。此外，区块链通过创建和维护分布式信息分类账来促进分散式治理，这导致中心性降低、信息流密度增加。因此，区块链通过增加分散的信息流，可以降低核心企业的突出地位，从而使网络成员之间更加相互关联，信息共享意愿提升（Min，2019）。

第三，在自动可执行条件下，将合约规则预先编写为程序代码，对组织间交互所产生的数据进行识别判断，当满足预设的条件时系统自动执行合约和规则，从而消除了对第三方实时管理、验证、存储信息的需求（孙睿等，2021）。依靠算法和代码的智能合约在满足所有条件时自动执行协议，导致组织间互动减少，节省了组织间的谈判成本、沟通成本与执行成本（史雅妮等，2023）。另外，区块链技术可以通过利用正式编程语言开发的代码实现信息共享合约的定制，保证智能合约具备信息共享和可访问的双重优势（Vatankhah Barenji et al.，2020）。将各种组织间信息共享过程中的相关规则、条款编写为代码写入区块链，如奖惩合同、激励合同、共享合同，可以减少人为因素的破坏，保证合约的执行，大大提高组织之间共享信息的意愿。依托智能合约的定制规则，助推合作伙伴建立起基于技术的信任，促进企业网络参与者之间的协作，实现关键数据和资源的安全高效共享（Agrawal et al.，2015），提升网络运营绩效。

3.3.2.2 区块链抑制机会主义行为的机理分析

企业网络的治理是商业社会的一个核心挑战。从供应链、联合品牌到战略联盟和合资企业等企业网络，企业网络治理存在于一系列环境中（Parmigiani & Rivera-Sontos，2011）。在这种情况下，主要的治理挑战在于需要在建立信任和保护合作伙伴免受机会主义行为影响的同时实现组织间合作（Gulati et al.，2012；Hoffmann et al.，2018）。源于交易成本理论的机会主义指的是利用欺骗行为方式寻求自我利益（Williamson，1979），如以违反协议、故意欺骗、撒谎、偷窃等形式实现自己的目标，而不顾对他人造成的损失。以前的研究表明，机会主义对企业网络的稳定性、组织间信任（Morgan et al.，2007）、网络绩效等产生不利影响。由此可以看出，企业网络的治理根源是抑制机会主义行为。有学者提出，区块链本身可以作为组织间关系中的一种新的治理机制（Lumineau et al.，2021），区块链通过提供分布式共识技术和自动可执行协议的手段，在合作执行过程中保证了信息透明度和完整性，提高组织间沟通效率，从而达到抑制机会主义行为的目的（Petersen，2022）。然而，对于这种革命性治理工具的应用如何对组织间关系中的机会主义行为等产生影响，较少有学者做出论述。

首先，在基于区块链技术的企业网络中，从合作初始到合作结束，组织间信息都可以透明地追踪，且通过规定的共识算法对信息进行验证以上链，因此实现了对组织间关系的全面、实时的监控（Roeck et al.，2020）。因此，在分散式的区块链系统中，组织几乎没有实施机会主义行为的机会与动机。同时，共识算法确保组织间交易按预期进行验证和处理，分布式和加密数据设计确保数据对链内组织保持不变和透明，而且很容易进行追踪。因此，事后的机会主义行为更容易被发现。另外，合作伙伴之间数据的透明度最大限度地减少了信息获取方面的不平等，并确保决策者拥有尽可能有用的资源，从而克服有限理性倾向。通过分布式共识实现的网络透明性，将在很大程度上威慑合作者的机会主义行为。

其次，区块链技术的自动可执行提供了编码和自动执行合约条款及条件的机制，实现了组织间业务流程的常规化，增加了合作的确定性，从而减少了合作过程中潜在的风险（Sheth & Subramanian，2020）。通过确保合约的自动执行，智能合约实现了网络业务流程的常规化，增加了交易的确定性。除实现交易的自动执行与协调外，通过交易的参数化与合约的强制执行可以最大限度地减少双方之间信息不对称情况的发生，并减少双方决策中的有限理性，从而降低产生机会主义行为的可能性（Schmidt & Wagner，2019）。同时，智能合约作为编码和参数化协议的固有形式，可以降低合同和关系治理的模糊性，减少了交易成员之间的信息扭曲和作弊行为。

最后，区块链这样以技术为导向的治理手段不应该与传统的治理手段分开（Xu et al.，2022）。从根本上说，区块链治理与契约治理、关系治理的功能有些相似，在有效遏制合作伙伴的机会主义行为方面均有一定的治理效用。

3.3.2.3　区块链技术实现组织间有效协调的机理分析

在高度竞争的环境中，企业面临着与合作伙伴协调决策、资源的挑战。组织间协调一致的合作伙伴关系是网络成功的关键因素之一，尤其在多主体共同参与的网络活动中，协调主体行为、明晰责任和义务，是企业网络顺利运行的组织保障（郭菊娥和陈辰，2020）。组织间协调是通过有意、有序地协调或调整合作伙伴的行动，以实现共同确定的目标。因此，协调是企业网络治理的基本目标（李维安等，2014）。传统上，组织间关系的治理基于正式合同和非正式机制，如信任，这种信任源于重复的互动、经验（Poppo & Zenger，2002）。然而，最近出现了第三种模式，即以区块链技术为基础的治理模式（Lumineau et al.，2021）。区块链是分散的网络，允许参与者在多个节点上存储和复制信息，而无须依赖中央机构。通过这种方式，将以参与者或机构为中心的信任形式转变为以技术为导向的信任形式（Hanisch et al.，2021），同时作为社会信任的有效补充，与社会信任产生协同效应，促进企业间的协同创新（Wan et al.，2022）。可以看出，区块链为企业网络提供了一种新的协调方式，通过促进企业网络分散化和去中心化以及透明的点对点交流，为每个组织提供了平等的信息使用权。

首先，区块链技术的分布式共识特征是指区块链系统中的组织根据定义的系统规则和协议的代码、算法达成一致共识的过程。在这种特征的作用下，组织可以随意选择加入或离开，但一旦它们加入区块链，就意味着它们承认并接受预先确定的规则。分布式共识将保证组织间协议不可篡改，任何组织不能单方面地更改协议和修改数据，组织间的所有信息记录都将得到保存，从而为责任追溯提供保障。同时，分布式共识提供了一种能力，确保组织之间可以直接沟通交流，而不需要经过第三方或者结构洞，从而极大地降低了信息不对称程度，对组织间协调具有积极作用。

其次，区块链的自动可执行特征将明确定义链上合作伙伴的责任和义务，通过数字化、自动执行的合同，实现组织间的实时结算和交付，从而避免业务前后台分离带来的风险。此外，组织成员通过协议定义各方的任务责任，并确保其合作任务以预先计划的方式执行，有助于组织间达成共识。

最后，区块链技术通过确保数据的完整性和提供可信记录，增加合作伙伴之间的信任（Paul et al.，2021），并为组织营造了高度信任的网络环境，进一步加强合作伙伴之间的关系。区块链技术可以成为创建可信、透明环境的证据来源，使信息在整个网络中公开可用，同时确保数据的完整性和不变性。因此，区块链技术不仅实现了全网络的互信，而且通过有效调整合作伙伴的行动，提高了网络主体之间的协调效率（郭菊娥和陈辰，2020）。

3.4　本章小结

本章着眼于企业网络治理中面临的现实问题，对制约企业网络运行的治理困境进行分析和总结，并以网络治理理论为基础，以技术治理理论为指导思想，提出了区块链技术作用于企业网络治理的实现机理。具体而言，首先，通过理论归因、实践归纳、典型事实指出信息共享不足、机会主义风险和协调障碍是当前制约企业网络发展的主要治理难题，亟须引入新的技术手段突破治理桎梏。其次，对区块链技术特征及其应用场景进行归纳与总结。最后，分析了如何利用区块链技术进一步破解企业网络治理困境，并根据区块链技术的特性，具体探讨了区块链技术破解企业网络治理困境的内在逻辑与实现机理。

第 4 章　基于区块链技术的企业网络信息共享机制研究

本章依据第 3 章中提出的区块链技术优化组织间信息共享的机理分析，以促进组织间数据流动、要素流通、信息共享为导向，破解"信息孤岛"、共享意愿低等具体治理问题，将区块链技术与组织间信息共享相结合，利用私有链与联盟链，搭建基于双层区块链的企业网络信息共享框架，并在此基础上构建信息共享系统的三方演化博弈模型，厘清影响企业信息共享策略的可能因素，进而为企业网络的信息共享提供治理思路。

4.1　基于区块链技术的信息共享框架设计

信息共享的核心就是从传输和交易信息的过程中获利且能够保障隐私安全，并落实信息所有权和进行价值保障。也就是说，通过在企业网络中应用区块链信息共享机制能够确保链中的所有成员都能获得经过验证的信息，由此增强合作伙伴关系。尤其是在区块链嵌入的网络中，通过促成互不信任的主体达成一致的数据共识，能有效实现网络内数据要素的流通。然而，目前仍然存在共享意愿不强、违约行为时有发生、监管不力等制约共享的关键性问题。因此，本章从系统的视角对基于区块链的企业网络信息共享模式进行分析，首次引入区块链网络管理者监管，构建私有链、联盟链双链结构，并提出信息共享激励模式，实现对网络信息共享的全流程监管，同时激励参与主体积极信息共享，由此提高网络整体的信息共享水平与效率。

4.1.1 设计思路

区块链技术因防篡改、信息可追溯性、自动可执行等特点和优势，在供应链金融、版权保护、信息追溯、访问控制等领域得到了广泛的应用。尤其是在共识机制下，被授予权限的节点对上链信息进行验证，确保上链信息在分布式网络中达成共识，实现全链数据的一致性和可靠性，大幅度提升信息的真实性（Zheng et al.，2022）。因此，基于区块链技术的企业网络信息共享框架的设计目标是：通过区块链技术的嵌入，保障提供者的隐私安全，落实信息的真实性、时效性、价值性，改善信息溯源难、追责难的现状，并通过设置奖惩机制激励网络参与者提高信息共享意愿，优化企业网络内组织间信息共享路径，并实现信息共享效率的提升（史雅妮等，2023）。

4.1.1.1 信息共享主体的识别

依托区块链技术构建企业网络信息共享模式，要先明确网络中的成员及其职责，因此，网络内不仅涉及信息共享主体之间的交互，也涉及信息主体与监管部门的交互。网络节点是基于区块链技术的企业网络信息共享模式中的主体，节点企业是信息共享的提供者。除此之外还有网络管理者，即监管机构。

信息共享主体是企业网络中的节点企业，节点企业既是共享信息的提供者又是共享信息的使用者，同时还是共享信息的验证者，对共享流程中信息的真实性、可用性进行共识验证并分布式存储。当然，一个节点企业可能身兼数职，但前提是处于不同的信息共享交易中。例如，当节点企业为共享信息的使用者时，只查阅信息的权限，而无验证等其他权限。若节点企业为共享信息的验证节点，那么就必须保证不参与此交易，从而保证交易的公平性和透明性。

共识节点依托不同的算法机制在区块链中达成共识，从而在所有利益相关者之间形成了一个商定的真理，增加了各方对企业共享信息的信任度（Bodkhe et al.，2020）。根据特定场景选择适当的共识算法对于开发有效的区块链模型至关重要，而共识节点的选择是共识机制顺利执行的保障。针对企业网络信息共享具有阶段性特征，本章将共识节点分为审计共识节点和服务共识节点（Zheng et al.，2022），两类节点成员都是根据企业声誉排名从高到低生成的。其中，审计共识节点的职责为验证信息参与者是否提供了真实有效的信息，对信息参与者提供的信息内容进行验证，并对信息格式和摘要内容进行检查，如果正确，共识节点将广播交易背书。服务共识节点对企业之间的信息共享达成共识，以形成无法篡改的凭证。服务共识节点对网络内的信息共享进行验证后按时间顺序排列，将其打包为区块，并将区块传输给整个企业网络。拥有权限的节点可以接收到该区块的内容，并将其记录在其区块链账本中。

关于网络管理者，Provan 和 Kenis（2008）根据网络的治理是否需要主体以及主体是来自网络内部还是外部，将治理模式分为共同治理（Shared Governance，SG）、核心企业治理（Network Lead Organization，NLO）和网络管理组织（Network Administration Organization，NAO）。顾名思义，SG 是由所有网络成员组成的高度分散的、交互平等的治理模式；NLO 是由领导企业为提供网络管理和协助成员企业实现网络目标的治理模式；而 NAO 是通过网络成员授权或自发创建的第三方机构，NAO 负责协调和维护网络，以实现集体目标。NAO 可以是政府机构等非营利组织，也可以是营利性组织，如行业协会（魏江和李佑宁，2018）、Nexia Internationa（Koza & Lewin，1999）等。而在基于区块链的联盟链中，区块链联盟通常会创建网络管理组织（Petersen，2022），即 NAO，并以公正的方式来管理基于区块链的网络运营，特别是通过严格限制成员访问权限、监测成员行为、解决成员冲突、对网络成员进行链上链下监管（Lacity et al.，2019）。例如，We. trade 平台。因此，本章将 NAO 作为基于区块链技术的企业网络信息共享平台的监督管理机构，其主要职责为对企业间信息共享行为进行链上链下的穿透式监管，并通过实施一定的手段以有效激励企业的共享意愿：①NAO 负责管理网络参与权，当企业第一次申请参与网络内信息共享时，NAO 在接收到企业申请后，将执行链外流程来审核企业，根据审查结果决定是否授予该企业参与信息共享的权限。必要时可限制成员的访问权限，如规定企业仅拥有访问某项信息的权限。②NAO 负责解决成员在信息共享中的冲突与纠纷。NAO 通过区块链上记录的企业行为参数协调企业行为，并根据以往的链上信息记载准确预测冲突，以便提前部署冲突解决方案（Rossi et al.，2019），将共享损失降到最低。③NAO 可以设置奖惩制度，对监测或冲突解决期间发现的违反规则的成员实施惩罚与制裁，甚至将其驱逐出区块链，并对严格遵守规则的成员实施激励策略。奖惩制度由 NAO 在区块链制度内定义，并根据具体的条件由区块链的智能合约自动实施（Howell & Potgieter，2019）。

4.1.1.2 功能需求的分析

商业竞争的存在使一些作为商业秘密的信息无法在企业之间共享，因此很难实现不同企业之间的完全信息共享。企业网络信息共享存在的问题体现在以下几个方面：首先，企业间信息壁垒严重影响着信息共享效率。在松散耦合的企业网络中，不同组织间的信息互联具有挑战性，且由于信息不对称，源于不同企业的信息在网络中成为孤立的信息集群，"信息孤岛"现象严重（卢强等，2022）。其次，当前网络主体间的信息共享大多基于中心化的信息系统展开，即将所有信息汇集到系统中心后企业再根据需求发出请求，这一形式致使存在信息传递慢、隐私泄露以及"信息孤岛"等问题，信息记录完整性不足且信息的真实性和一致性得不到保证，共享的信息存在被篡改的风险，且无法追踪到信息来源，破坏了信息共享的公平性，降低了企业共享意愿。最后，当前通过中心化监管的方式去引导企业共享高质量的信息很难，监管机构缺乏对信息共享流程的实时有效的监管，增加了监管的难度。因此，针对上述企业网络信息共享存在的痛点问题，本章构建的基于区块链技术的企业间互信的信息共享网络具有以下特征：

（1）共享信息安全。对于企业网络信息共享而言，不能依赖于传统的集中式信息共享系统，应建立安全的分散式的信息共享系统，保证共享流程中的信息是安全的、防篡改的、隐私的。在智能算法和共识机制的约束下，每个区块的信息输入都是可追溯的，且任何信息禁止单方篡改，信息提供者通过使用需求者的公钥对传输的信息进行加密，需求方则利用私钥获取信息，共享的信息仅在供需双方间点对点传输，保证了组织之间能够安全进行信息共享，极大地提升了信息共享双方的信任度，并提升组织进行信息共享合作的意愿。此外，信息共享主体签署的合约条件一旦得到满足，智能合同将自动执行，减少合同执行的人为干预，降低履约的不确定性，从而促进组织间信任，保证共享交易的安全性。

（2）访问权限控制。企业网络是一个由多节点构成的松散耦合的组织结构，尽管有些网络设置了网络管理者对组织间关系进行协调，但是在信息共享、数据传输过程中仍不可避免地存在"搭便车"行为、隐私泄露风险等，以致威胁信息共享的安全性。而区块链技术通过点对点的传输机制、智能算法的约束以及非对称加密技术的隐私控制，能够实现对用户访问权限的管理，每个主体根据授权读写区块链数据（Dwivedi et al.，2020）。在信息共享环节中，仅有信息提供方与信息需求方进行共享，网络中其他方对共享内容没有访问权限，这促进了信息共享系统的稳定性，有效地保障数据隐私与安全。

（3）监督管理控制。信息共享除要从规则制定方面加强对不当行为的规制外，更需要行为监管者。当组织之间在链上继续共享信息时，需要由管理者对共享流程进行全程监管以免违约行为或不诚信行为的发生。尤其是当组织间发生冲突和纠纷时，监管者需要针对提供方的共享信息内容、共享信息流程以及双方履约情况等进行核查，并通过区块链追溯信息源头，为解决组织间冲突提供强有力的证据，并对违约组织进行强有力的惩戒，甚至驱逐出链。网络管理者可以通过链下流程对共享主体进行审查，审查通过方可入链，在一定程度上减少链上违约的概率。此外，可通过实时抽检记录在链的信息，在威慑信息参与者的同时及时发现恶意行为者，从而实现对信息共享行为的监管控制，完善网络治理的问责机制。

(4) 奖惩激励设置。除存在共享低质量或虚假信息的行为外，企业中还存在信息需求方泄露数据隐私的行为以及其他"搭便车"行为。若不对此类行为进行合理规制，共享主体很难有强烈的意愿去参与信息共享。而区块链技术通过分布式共识对信息共享的全流程进行记录，且不可私自篡改，从而保证违约行为清晰在链。通过设置惩罚机制，并将惩罚手段以代码形式编入可自动执行的智能合约中，从而达到遏制违约行为的目的。此外，在区块链的广播机制下将对企业行为进行全网广播，这将给违约企业带来一定的声誉损失，提升守约企业的声誉，从而对信息共享主体具有激励效用。奖惩机制和声誉激励将促使企业积极参与信息共享，提高企业参与意愿。

4.1.2 基于区块链的信息共享框架

前文明晰了信息共享系统的参与者及其职责、信息共享系统的功能需求，在此基础上，构建基于区块链技术的企业网络信息共享框架。本章在区块链 3.0 架构的基础上，构建了基于双层区块链的企业网络信息共享框架（如图 4-1 所示）。联盟链是多中心化的系统，仅允许被授予权限的节点参与系统活动，从而可以为信息共享主体设置权限控制，实现一定程度的信息共享，也在一定程度上提高了安全性和可靠性。此外，将不在信息共享范围内的信息存储在各企业的私有链中，化解信息共享面临的存储空间小而吞吐量大的问题，从而形成了企业网络双链区块链架构。基于区块链的企业网络信息共享框架主要包含：数据层、网络共识层、智能合约层和应用层。

4.1.2.1 数据层

数据层负责组织和存储相关企业信息，包括企业的身份信息、提供的信息、需求的信息、交易信息等。为了缓解信息共享系统信息存储膨胀以及保护企业隐私，设置"联盟链+私有链"的双链存储结构，联盟链与私有链通过基于哈希值

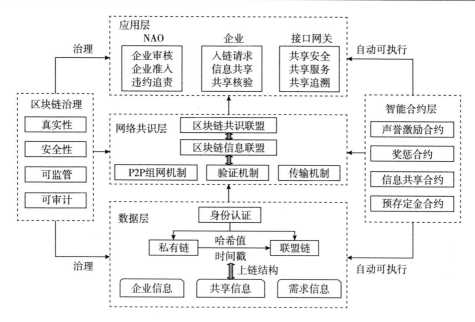

图 4-1　基于区块链的企业网络信息共享框架

的方式瞄定连接。各企业的身份信息、不在信息共享范围的信息、敏感数据以及区块链地址等信息均由企业私有链存储。对于共享的信息，则利用私钥对信息进行签名，使用哈希函数生成相应位置的哈希值和相应的摘要信息，并利用时间戳技术按照生成的时间顺序以区块链数据结构存储在信息共享联盟链上。此外，信息共享主链中的每一区块都包含一个标头和一组信息共享交易，区块头包括索引（链中的区块序列）、时间戳、签名验证以及当前和先前区块的哈希值。而共享的信息属于信息共享参与者之间的信息隐私，需要采取安全措施来限制非授权用户的使用。本章的企业网络双链信息存储结构如图 4-2 所示。

4.1.2.2　网络共识层

网络共识层主要为网络结构与共识机制的设置与执行。网络由通过网络连接的节点组成，每个节点通过网络协议发现相邻节点，建立链接并直接发送消息和交换信息，无须通过第三方，降低了信息泄露的风险。此外，在网络层中还需要考虑加密算法和密钥维护等功能，以保护链上数据的安全性。而共识则是指利用数学原理在节点之间建立信任，解决信息所有权归属问题，并使用共识算法来保证联盟链网络中所有节点数据记录的一致性，保证记录无法被篡改。一般而言，

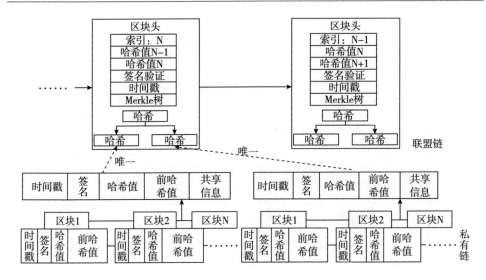

图 4-2　企业网络信息双链存储结构

共识算法将共识节点分为两类：领导者验证节点和从属者验证节点。当申请者向区块链网络发送带有私钥签名和时间戳的写入请求时，领导者验证节点对其进行处理排序，从属者验证节点按此顺序执行请求，当网络中 2/3 的节点就请求存储达成共识时，信息便可写入新区块，以保证链上信息的准确性与一致性。另外，根据信息共享需求，将区块链中共识节点分为两组；一组为区块链信息联盟（BIA），主要负责验证信息是否有效，作为信息共享的前提条件；另一组为区块链共识联盟（BCA），主要负责使各方对信息共享交易达成共识，并记录上链。

4.1.2.3　智能合约层

智能合约层的详细架构如图 4-3 所示。该层负责以计算机程序的形式编写信息共享系统的运行脚本，当合约嵌入且签署后，可通过执行条件触发来自动执行，智能合约的执行不需要中介或人工参与，一旦自动执行，链上的任何节点都无权篡改、逆转合约，因此具有更高的计算效率和准确性，并使信息共享更安全、高效。脚本存储在区块链网络内的每个节点中，智能合约是在网络主体之间签署的，网络主体有两种选择：签署或者不签署。一旦签订了智能合约，相应的企业就选择了进行信息共享；否则，将选择不共享。因此，对于信息共享而言，信息提供者在规定时间内发送信息，需求者接收信息并进行验证，合约条件满足便会自动执行；但若在合约规定时间内一方未进行响应，则会对未响应的一方做出警告，催促其共享，但若仍不响应，便触发惩罚条件，对未响应方进行处罚，并进行全网广播。

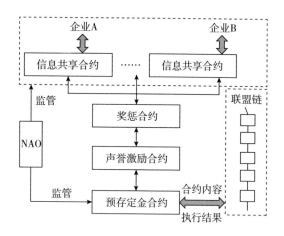

图 4-3　企业网络信息共享智能合约结构

4.1.2.4　应用层

应用层是最终呈现给用户的部分，是以数据层、网络共识层、智能合约层为基础建立的信息共享系统接口网关，该层主要由网络管理者（NAO）、企业网络成员和接口网关组成，其主要功能是调用智能合约层的接口，使用智能合约实现授权管理、信息访问控制和信息存储设置，为用户提供各种服务和应用。NAO可以通过该接入端口获取区块链上共享信息的相关数据情况，确定相应的企业是否存在信息共享不当的操作或业务，以实施适当的激励和惩罚措施，并对其进行监管，确保组织间信息共享的安全与畅通。

4.1.3　信息共享流程

组织间的信息共享流程伴随着信息内容的让渡，因此，在基于区块链的信息共享系统中，信息共享活动是通过组织间交易的形式来实现的。具体而言，信息共享流程阶段分为身份验证阶段、初始化阶段、信息共享准备阶段、信息共享申请阶段、匹配共享对象阶段、共享承诺阶段、签署智能合约阶段、信息共享交易阶段、共享交易全网共识阶段 9 个阶段，信息共享相关参数解释如表 4-1 所示。

表 4-1　基于区块链的信息共享参数

符号识别	具体含义
D_i	信息共享方的预存定金
t_e	预存储定金时向 NAO 付款的截止日期
PK_i	信息共享方的公钥（$i=A$, B）
SK_i	信息共享方的私钥（$i=A$, B）
PK_{adv}	预存储定金时 NAO 的公钥地址
σ_{NAOi}	NAO 对信息共享意愿预先存在的承诺
σ_{comi}	企业 A/B 生成的交易承诺（$i=A$, B）
L_v	区块链共识联盟（BCA）中的领导者验证节点
V_v	区块链共识联盟（BCA）中的从属者验证节点
B_{SI}	交易块号
Tr_i	信息共享交易

Step1：身份验证阶段。建立连接和交换共享信息之前由 NAO 对双方身份进行验证，验证通过则颁发数字身份证书（ICA），使双方拥有进入区块链网络的权限。此外，当申请加入区块链网络时，申请成员必须同意签订初始合同，如协定交易预存定金、奖惩机制等，以便区块链规则的执行与实施。

Step2：初始化阶段。该阶段信息共享双方分别生成相关共享信息的密钥对（PK_A, SK_A）、（PK_B, SK_B），并利用公钥通过哈希函数计算生成地址。

Step3：信息共享准备阶段。信息共享企业向 NAO 发送（D_i, t_e, PK_{adv}）进行预存定金申请；NAO 对其身份信息以及地址等进行核验，通过验证后将承诺 σ_{NAOi} 发送给信息共享企业。而后，信息共享企业通过公钥地址 P_{adv} 在截止日期 t_e 之前向 NAO 支付 D_i。

Step4：信息共享申请阶段。

（1）信息提交。在此阶段信息共享企业向区块链提交信息量、信息属性等共享内容及需求信息的类型、属性等，并广播到所有的区块链信息联盟（BIA）节点。

（2）信息验证。区块链信息联盟将验证信息共享者是否上传了有效的信息。先对信息格式和摘要信息进行查验，查验通过后全网广播交易背书，只有当足够多的节点签名认可信息时，信息才被认为是合法的，此时系统为其分配唯一标识（ID）。

Step5：匹配共享对象阶段。在此阶段区块链系统根据企业的共享请求内容，在系统内执行信息检索机制，寻找到与共享请求内容相关的信息拥有者。而后将共享请求转发至各信息拥有方，并运用共识机制进行信息需求内容与信息共享内容的适配，在此将匹配的信息共享参与主体统称为 E_A 与 E_B。

Step6：共享承诺阶段。在确定共享对象匹配后，为避免信息共享交易过程中存在的数据泄露、利益受损等问题，通过承诺机制来解决上述问题。

（1）EA 将公钥 PK_A 连同共享的信息量、信息属性及其需求信息的摘要信息打包一起发送给 EB；同样，EB 将公钥 PK_B 连同共享的信息量、信息属性及其需求信息的摘要打包一起发送给 EA，双方对此进行共享交易确认。如果同意，则计算彼此的公钥地址并生成签名，并将共享承诺 σ_{comi} 发送给对方。

（2）共享双方获得共享承诺后，将带有支付地址的签名和共享承诺发送给NAO。NAO 进行验证，如果合法合规，则同意双方进行下一步的信息共享交易。

Step7：签署智能合约阶段。在执行信息共享前，区块链系统需要根据信息共享主体的需求制定合约。一般而言，信息共享主体需要签订的合同有信息共享合约、声誉激励合约，当 E_A 与 E_B 双方均同意签署，则将合约内容通过高级编程语言编写或脚本，将脚本存储在信息共享节点中，而后当达到触发状态时自动执行。若其中一方不同意合约，则退出本次信息共享交易。

Step8：信息共享交易阶段。在此阶段区块链信息共享系统将调用智能合约自动执行合约中的各项规则，共享交易双方向彼此开放信息访问权限或将信息发送至对方公钥。共享交易双方获取到信息后，生成签名作为共享凭证发送给彼此，双方的信息共享交易结束。

Step9：共享交易全网共识阶段。信息共享交易 Tr_i 的执行过程会被打包成区块记录在分布式账本上，但需要区块链共识联盟（BCA）就交易达成共识后，才可将其记录在区块链中。其中，BCA 分为两类共识节点，即领导者验证节点 L_v 和从属者验证节点 I_v。

（1）BCA 中的领导者 L_v 对网络中的信息共享交易进行排序，根据交易涉及的节点签名以及一些其他参数（如交易 ID）验证交易 Tr_i。如果 Tr_i 得到正确验证，那么领导者将创建一个新区块 B_{SI}，生成区块提案，否则丢弃交易并显示"交易未正确验证"。其中，L_v 是当前块哈希值。

（2）在所有验证者节点中根据验证人选择算法（VSA）选择从属者验证节点 V_v，领导者将加密块 B_{SI} 发送给 V_v 进行区块验证。从属者验证节点验证 B_{SI} 并使用确认消息 0 或 1 响应 BCA。其中，0 代表不同意，即 B_{SI} 没有被该验证节点正确验证；而 1 代表正确认，即 B_{SI} 由验证者节点正确验证。如果达到一定数量的从属者验证节点验证 B_{SI} 正确，则 B_{SI} 被 L_v 添加在区块链网络中，完成区块链信息共享记账的全过程。

4.2 基于区块链技术的信息共享演化博弈模型

本节在前文提出的基于区块链的企业网络信息共享框架基础上，针对各信息参与主体缺乏共享意愿、激励不足、违约行为时有发生、监管不力等问题，从奖惩机制、声誉视角对信息共享主体参与意愿进行物质和声誉激励，并引入网络管理者（NAO）作为信息共享主体间共享行为的监管管理者，运用演化博弈方法构建基于区块链的企业网络三方主体信息共享演化博弈模型，分析各主体信息共享行为策略选择的影响因素，而后根据演化稳定策略分析探寻信息共享有效实现的对策。

4.2.1 问题描述

本章构建的基于区块链的企业网络信息共享框架是一个双层区块链框架。同时，智能合约是在信息参与主体之间签署的，信息参与主体有两种选择：签署或不签署。一旦签订了智能合约，相应的信息参与主体就选择了参与信息共享；否则，将不参加信息共享。区块链中的哈希算法可以防止交易信息被篡改，数字签名技术保证只有记账员可以更改自己的账户。因此，区块链各方之间建立了牢固的信任关系。智能合约签署后，每个参与方的密钥都被披露给其他参与方，每个参与方都可以读取其他签署方的信息，从而形成联盟链。不在信息共享范围内的信息被存储在各企业的私有链中，从而形成了企业信息共享的双层区块链架构。

此外，NAO 可以获取通过该链共享的信息。NAO 通过访问区块链网络中的信息，可以确定相对应的企业是否在信息共享过程中存在共享不当的操作或业务，以便实施适当的激励和惩罚措施，对其进行监管，从而确保组织间信息共享的安全与畅通。NAO 的激励惩罚措施对博弈方的战略演化有显著影响。因此，要对这些激励惩罚措施进行合理的控制。过多的措施会给 NAO 带来过重的负担，而太少会使其难以产生有效的控制（Xu et al.，2022）。通过这种不断博弈，鼓励企业参与信息共享，在博弈中不断优化企业的内外部资源配置策略，提升企业的核心竞争力，打破网络中的"信息孤岛"，实现安全高效的信息共享。

4.2.2　基本假设

双方利用信息共享系统获取互补信息的同时，也面临隐私信息外泄的风险。特别是初始信息的真实性验证需要花费大量的时间。为了系统地说明在基于区块链的企业网络中节点间信息共享的策略选择过程，本章将每个节点视为有限理性的企业，以利益的最大化作为选择策略，并将信息共享过程视为演化博弈过程。每个节点既是信息提供者，又是信息需求者。此外，NAO 为确保网络内信息共享工作高效开展，可选择严格监督，但考虑到监管成本，也可能选择宽松监管。此外，将利用激励和惩罚机制对遵守规定的网络主体给予激励，对违反规则的网络主体给予惩罚，促使企业网络内的各节点进行信息共享，达到网络优化的目的。

为分析上述基于区块链的企业网络信息共享的作用机理，本章建立了演化博弈模型。激励和监管是企业间信息共享的关键，因此，我们为模型引入了 NAO 监管、声誉激励、奖惩机制以及预付定金合约。在区块链背景下，通过演化博弈方法研究网络主体，即 NAO、信息共享主体三者的演化稳定策略及其影响因素。

为建立合理的基于区块链的企业网络信息共享的演化博弈模型，本章做出如下假设：

假设 1：将企业网络视为一个动态体系，参与主体都是有限理性决策者，追求利益最大化，具有学习能力和投机行为，并且在不断地互相学习、调整、改进中。博弈主体通过试错和选择来寻求更好的策略，最终在动态演化中达到稳定状态。

假设 2：企业 A 的策略空间 $\alpha = (\alpha_1, \alpha_2) = $（信息共享，不共享），以 x 的概率选择信息共享和以 $(1-x)$ 的概率选择不共享；企业 B 的策略空间 $\beta = (\beta_1, \beta_2) = $（信息共享，不共享），以 y 的概率选择信息共享和以 $(1-y)$ 的概率选择不共享；NAO 的策略空间 $\gamma = (\gamma_1, \gamma_2) = $（严格监管，宽松监管），以 z 的概率选择严格监管和以 $(1-z)$ 的概率选择宽松监管。其中，x，y，$z \in [0, 1]$。

假设 3：在基于区块链技术的企业网络中进行信息共享，企业 A、B 所获的信息收益与信息共享量 S_i（$i = A$，B）、信息吸收能力 a_i（$i = A$，B）有关。其中，信息共享量代表了区块链技术对组织间信任的影响，也就是说当区块链技术越有助于增强组织间信任程度时，其愿意共享的信息量就越多（崔铁军和姚万焕，2021），而信息吸收能力则反映了不同企业对信息的吸收和转化能力。

假设4：参与主体进行信息共享的成本为 C_i（$i=A$，B）。当企业进行信息共享时，尽管区块链平台降低了信息共享的风险成本，但是在共享过程中仍会产生投资成本、维护成本等交易成本。此外，进行信息共享时需面临由于丧失信息优势而导致的风险，以及区块链技术本身的系统风险。因此，设企业信息共享的风险系数均为 g。

假设5：当企业 A 与企业 B 同时选择信息共享，二者共享的信息的应用使原本独立的信息有了新的价值，获得协同收益为 R。

假设6：在基于区块链的企业网络中，智能合约规定了每家企业初始需要预存定金 D_i（$i=A$，B），若企业遵守合约规定如实进行信息共享，那么预存定金便会在信息共享结束后返还给企业，否则将自动向对方企业支付预存定金，以弥补违约对其造成的损失。此外，当企业参与信息共享时，智能合约声誉系统对信息参与主体提供的信息共享质量进行验证，并赋予其声誉激励 E_i（$i=A$，B），声誉激励是一种持久的激励机制，其好处包括更多的商机、无成本的广告和更高的组织价值（Shen et al.，2022）。因此，当节点积极履约时将给共享主体带来声誉，其信息共享质量和信息量越高，带来的声誉反馈越多。

假设7：NAO 进行监管时需付出监管成本为 C_N，此时 NAO 监管将给网络整体带来收益 L_0（如对信息共享行为进行监管后，网络内信息共享意愿得到提升，企业网络合作趋于规范，效率得到提升）；反之，NAO 采取不监管则无须承担监管成本，但此时 NAO 宽松监管行为将被恶意企业利用并借机开展违规操作，由此给网络带来损失 L_N。宽松监管出现问题造成的网络损失大于严格监管发现问题的网络收益，即 $L_N>L_0$。此外，当 NAO 进行监管时，对信息共享的企业 A、企业 B 的奖励为 J_i（$i=A$，B），对不共享的企业 A 和企业 B 的惩罚为 P_i（$i=A$，B）。具体参数解释如表4-2所示。

表4-2 参数解释

参数符号	参数名称	参数含义
S_i	信息共享量	企业信息共享量大小（$i=A$，B）
a_i	信息吸收能力	企业对信息的吸收和转化能力（$i=A$，B）
C_i	信息共享成本	信息产生的信息投资成本、信息维护成本等额外的共享成本（$i=A$，B）
g	信息共享风险系数	由于丧失信息优势而导致的风险，以及区块链技术本身的系统风险带来的信息共享风险

参数符号	参数名称	参数含义
R	协同收益	双方信息共享所产生的信息协同收益
D_i	预存定金	企业在智能合约中所存的预存定金（$i=A$, B）
C_N	监管成本	NAO 监管所需要花费的成本
L_N	网络损失	NAO 宽松监管带来的网络损失
L_O	网络收益	NAO 严格监管带来的网络收益
J_i	共享奖励	NAO 监管时对于信息共享企业的奖励（$i=A$, B）
P_i	惩罚	NAO 监管时对不共享企业的惩罚（$i=A$, B）
E_i	声誉激励	给企业共享信息的声誉激励（$i=A$, B）

4.2.3 演化博弈模型构建

基于以上假设，本章构建企业 A、企业 B 与 NAO 之间的博弈支付矩阵，具体如表 4-3 所示。

表 4-3 博弈支付矩阵

策略选择				企业 B	
				信息共享	不共享
NAO	严格监管	企业 A	信息共享	$L_O-C_N-J_A-J_B$	$L_O-C_N-J_A-J_B+P_B$
				$\alpha_A S_B+R+J_A+E_A-C_A-gS_A$	$J_A+E_A-C_A-gS_A+D_B$
				$\alpha_B S_A+R+J_B+E_B-C_B-gS_B$	$\alpha_B S_A-P_B-D_B$
			不共享	$L_O-C_N-J_A+P_A$	$L_O-C_N+P_A+P_B$
				$\alpha_A S_B-P_A-D_A$	$-P_A$
				$J_B+E_B-C_B-gS_B+D_A$	$-P_B$
	宽松监管		信息共享	0	$-L_N$
				$\alpha_A S_B+R+E_A-C_A-gS_A$	$E_A-C_A-gS_A+D_B$
				$\alpha_B S_A+R+E_B-C_B-gS_B$	$\alpha_B S_A-D_B$
			不共享	$-L_N$	$-L_N$
				$\alpha_A S_B-D_A$	0
				$E_B-C_B-gS_B+D_A$	0

4.3 演化稳定策略分析

4.3.1 博弈主体复制动态方程分析

4.3.1.1 企业 A "信息共享" 行为的复制动态方程及稳定性

依据表4-3混合策略博弈矩阵，计算企业 A 在 "信息共享" 和 "信息不共享" 策略下的期望收益，进而得到企业 A 演化策略的复制动态方程。

采取信息共享策略的企业 A 期望函数 E_{11} 为：

$$E_{11} = yz(\alpha_A S_B + R + J_A + E_A - C_A - gS_A) + (1-y)z(-P_A) +$$
$$(1-z)y(\alpha_A S_B + R + E_A - C_A - gS_A) + (1-y)(1-z)(E_A - C_A - gS_A + D_B) \quad (4.1)$$

采取信息不共享策略的企业 A 期望函数 E_{12} 为：

$$E_{12} = yz(\alpha_A S_B - P_A - D_A) + (1-y)z(-M - C_2 + R_1 - D_2 - P_1) +$$
$$(1-z)y(\alpha_A S_B - D_A) \quad (4.2)$$

企业 A 策略选择的平均期望收益为：

$$\overline{E_1} = xE_{11} + (1-x)E_{12} \quad (4.3)$$

因此，企业 A 采取 "信息共享" 策略的复制动态方程为：

$$F(x) = \frac{dx}{dt} = x(E_{11} - \overline{E_1}) = x(1-x)\left[y(R - D_B + D_A) + z(J_A + P_A) + E_A - C_A - gS_A + D_B\right]$$

$$(4.4)$$

设 $F(x)$ 的一阶导数和设定的 $J(y)$ 分别为：

$$F'(x) = (1-2x)\left[y(R - D_B + D_A) + z(J_A + P_A) + E_A - C_A - gS_A + D_B\right] \quad (4.5)$$

$$J(z) = y(R - D_B + D_A) + z(J_A + P_A) + E_A - C_A - gS_A + D_B \quad (4.6)$$

根据微分方程稳定性理论，令 $F(x) = 0$，得到企业 A "信息共享" 策略下的三个均衡点，即 $x = 0$、$x = 1$ 和 $J(z) = 0$。但三个均衡点是否为演化稳定策略，还需要根据稳定性定理进一步分析：

（1）当 $z = z^* = \dfrac{C_A + gS_A - y(R - D_B + D_A) - E_A - D_B}{J_A + P_A}$ 时，$J(z) = 0$，$F(x) = 0$，此时企业 A 的所有策略处于稳定状态，即无论企业 A 选择 "信息共享" 和 "信

息不共享"策略的初始概率如何,该概率不会随时间而改变。

(2) 当 $z \neq \dfrac{C_A + gS_A - y\ (R - D_B + D_A)\ - E_A - D_B}{J_A + P_A}$,$x = 0$ 和 $x = 1$ 是企业 A 策略的稳

定点。此时需要进一步分析,由 $J\ (z)$ 知 $\partial J\ (z)\ /\partial z > 0$,$J\ (z)$ 关于 z 为增函

数。因此有:

当 $0 \leqslant z < \dfrac{C_A + gS_A - y\ (R - D_B + D_A)\ - E_A - D_B}{J_A + P_A}$ 时 $J\ (z) < 0$,$\dfrac{dF\ (x)}{dx}\ |\ _{x=1} > 0$,

$\dfrac{dF\ (x)}{dx}\ |\ _{x=0} < 0$,此时,$x = 0$ 为企业 A 的演化稳定策略,企业 A 倾向于选择信息

不共享策略。

当 $\dfrac{C_A + gS_A - y\ (R - D_B + D_A)\ - E_A - D_B}{J_A + P_A} < z \leqslant 1$ 时 $J\ (z) > 0$,$\dfrac{dF\ (x)}{dx}\ |\ _{x=1} < 0$,

$\dfrac{dF\ (x)}{dx}\ |\ _{x=0} > 0$,此时,$x = 1$ 为企业 A 的演化稳定策略,企业 A 倾向于选择信息

共享策略。

根据上述分析可以得到企业 A 策略的动态趋势演化相位图,具体如图 4-4 所示。图 4-4(a)空间被分为 Ⅰ、Ⅱ 两部分,企业 A 的初始状态处于空间 Ⅰ 时,x 趋向 0,此时企业 A 选择信息不共享策略;当企业 A 的初始状态处于空间 Ⅱ 时,x 趋于 1,即企业 A 会选择信息共享策略进行交易。

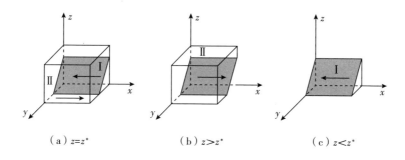

(a) $z = z^*$ (b) $z > z^*$ (c) $z < z^*$

图 4-4 企业 A 动态趋势演化相位

4.3.1.2 企业 B "信息共享"的复制动态方程

依据表 4-3 混合策略博弈矩阵,计算企业 B 在"信息共享"和"信息不共享"策略下的期望收益,进而得到企业 B 演化策略的复制动态方程。

采取信息共享策略的企业 B 期望函数 E_{21} 为：

$$E_{21} = xz(\alpha_B S_A + R + J_B + E_B - C_B - gS_B) + (1-x)z(J_B + E_B - C_B - gS_B + D_A) + (1-z)x(\alpha_B S_A + R + E_B - C_B - gS_B) + (1-x)(1-z)(E_B - C_B - gS_B + D_A) \tag{4.7}$$

采取信息不共享策略的企业 B 期望函数 E_{22} 为：

$$E_{21} = xz(\alpha_B S_A - P_B - D_B) + (1-x)z(-P_B) + (1-z)x(\alpha_B S_A - D_B) \tag{4.8}$$

企业 B 策略选择的平均期望收益为：

$$\overline{E_2} = yE_{21} + (1-y)E_{22} \tag{4.9}$$

因此，企业 B "信息共享" 策略的复制动态方程为：

$$F(y) = \frac{dy}{dt} = y(E_{21} - \overline{E_2}) = y(1-y)\left[x(R - D_A + D_B) + z(J_B + P_B) + E_B - C_B - gS_B + D_A\right] \tag{4.10}$$

设 $F(y)$ 的一阶导数和设定的 $H(z)$ 分别为：

$$F'(y) = (1-2y)\left[x(R - D_A + D_B) + z(J_B + P_B) + E_B - C_B - gS_B + D_A\right] \tag{4.11}$$

$$H(z) = x(R - D_A + D_B) + z(J_B + P_B) + E_B - C_B - gS_B + D_A \tag{4.12}$$

根据微分方程稳定性理论，令 $F(y) = 0$，则得到企业 B "信息共享" 策略下的三个均衡点，即 $y = 0$、$y = 1$ 和 $H(z) = 0$。但三个均衡点是否为演化稳定策略，还需根据稳定性定理进一步分析：

（1）当 $z = z^{**} = \dfrac{C_B + gS_B - x(R - D_A + D_B) - E_B - D_A}{J_B + P_B}$，$H(z) = 0$，$F(y) = 0$，此时企业 B 的所有策略处于稳定状态，即无论企业 B 策略选择的初始概率如何，该概率处于稳定状态，不会发生改变。

（2）当 $z \neq z^{**} = \dfrac{C_B + gS_B - x(R - D_A + D_B) - E_B - D_A}{J_B + P_B}$ 时，$y = 0$ 和 $y = 1$ 为 $F(y) = 0$ 时的两个稳定点，企业 B 的演化稳定策略需要进一步分析。由 $H(z)$ 可知 $\dfrac{\partial H(z)}{\partial z} > 0$，则 $H(z)$ 关于 z 为增函数，因此有：

当 $0 \leqslant z^{**} < \dfrac{C_B + gS_B - x(R - D_A + D_B) - E_B - D_A}{J_B + P_B}$ 时 $H(z) < 0$，$\dfrac{dF(y)}{dy}\Big|_{y=1} > 0$，$\dfrac{dF(y)}{dy}\Big|_{y=0} < 0$，$y = 0$ 为演化稳定策略，即企业 B 趋于选择信息不共享。

当 $\dfrac{C_B + gS_B - x(R - D_A + D_B) - E_B - D_A}{J_B + P_B} < z^{**} \leqslant 1$ 时 $H(z) > 0$，$\dfrac{dF(y)}{dy}\Big|_{y=1} < 0$，

$\dfrac{dF\,(y)}{dy}\,|_{y=0}>0$，$y=1$ 为演化稳定策略，此时企业 B 趋于选择信息共享。

　　根据上述分析，得到企业 B 动态趋势演化相位图，具体如图 4-5 所示。图 4-5（a）空间分为 Ⅲ、Ⅳ 两部分。当企业 B 初始概率处于空间 Ⅲ 时，即 $z>z^{**}$ 时企业 B 会趋于选择信息共享；当企业 B 初始概率处于空间 Ⅳ 时，即 $z<z^{**}$ 时，企业 B 趋于选择信息不共享。

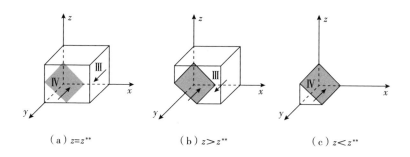

（a）$z=z^{**}$　　　　　　（b）$z>z^{**}$　　　　　　（c）$z<z^{**}$

图 4-5　企业 B 动态趋势演化相位

4.3.1.3　NAO "积极监管" 策略的复制动态方程

　　依据表 4-3 混合策略博弈矩阵，计算 NAO 在 "宽松监管" 和 "消极监管" 策略下的期望收益，进而得到 NAO 演化策略的复制动态方程。

　　采取积极监管策略的 NAO 期望函数 E_{31} 为：

$$E_{31}=xy(L_O-C_N-J_A-J_B)+x(1-y)(L_O-C_N-J_A-J_B+P_B)+(1-x)y$$
$$(L_O-C_N-J_A+P_A)+(1-y)(1-x)(L_O-C_N+P_A+P_B) \tag{4.13}$$

　　采取宽松监管策略的 NAO 期望函数 E_{32} 为：

$$E_{32}=xy(-L_N)+x(1-y)(-L_N)+(1-x)y(-L_N)+(1-y)(1-x)(-L_N) \tag{4.14}$$

NAO 策略选择的平均期望收益为：

$$\overline{E_3}=zE_{31}+(1-z)E_{32} \tag{4.15}$$

　　因此，NAO "严格监管" 策略的复制动态方程为：

$$F(z)=\frac{dz}{dt}=z(E_{31}-\overline{E_3})=z(1-z)\big[-x(J_A+J_B+P_A)-y(J_A+J_B)+x(J_A-L_N)+L_O+L_N+$$
$$P_A+P_B-C_N\big] \tag{4.16}$$

　　设 $F\,(z)$ 的一阶导数和设定的 $G\,(y)$ 分别为：

$$F'(z) = (1-2z)\left[-x(J_A+J_B+P_A)-y(J_A+J_B)+xy(J_A-L_N)+L_O+L_N+P_A+P_B-C_N\right.$$

$$\tag{4.17}$$

$$G(y) = -x(J_A+J_B+P_A)-y(J_A+J_B)+xy(J_A-L_N)+L_O+L_N+P_A+P_B-C_N \tag{4.18}$$

根据微分方程稳定性定理，令 $F(z)=0$，则得到 NAO "严格监管" 策略复制动态稳定状态的三个均点，即 $z=0$、$z=1$ 和 $G(y)=0$。但三个均衡点是否为演化稳定策略，根据稳定性定理须进一步分析：

（1）当 $y=y^* = \dfrac{-x(J_A+J_B+P_A)+L_O+L_N+P_A+P_B-C_N}{J_A+J_B-x(J_A-L_N)}$, $G(y)=0$, $F(z)=0$, 此时 NAO 所有策略处于稳定状态，即无论 NAO 策略选择的初始概率如何，该概率不会随时间变化。

（2）当 $y \ne y^* = \dfrac{-x(J_A+J_B+P_A)+L_O+L_N+P_A+P_B-C_N}{J_A+J_B-x(J_A-L_N)}$ 时，$z=0$ 和 $z=1$ 为 $F(z)=0$ 时的两个稳定点，NAO 的演化稳定策略需要进一步分析。由 $G(y)$ 知 $\dfrac{\partial G(y)}{\partial y}>0$，$G(y)$ 关于 y 为增函数。因此有：

当 $0 \leqslant y < \dfrac{-x(J_A+J_B+P_A)+L_O+L_N+P_A+P_B-C_N}{J_A+J_B-x(J_A-L_N)}$ 时 $G(y)<0$，$\dfrac{dF(z)}{dz}\Big|_{z=1}>0$，

$\dfrac{dF(z)}{dz}\Big|_{z=0}<0$ 则 $z=0$ 是 NAO 的演化稳定策略。

当 $\dfrac{-x(J_A+J_B+P_A)+L_O+L_N+P_A+P_B-C_N}{J_A+J_B-x(J_A-L_N)}<y \leqslant 1$ 时 $G(y)>0$，$\dfrac{dF(z)}{dz}\Big|_{z=1}<0$，

$\dfrac{dF(z)}{dz}\Big|_{z=0}>0$ 则 $z=1$ 是 NAO 的演化稳定策略。

根据上述分析，得到 NAO 策略的动态趋势演化相位图，具体如图 4-6 所示。图 4-6（a）分为 V、Ⅵ 两个空间。当 NAO 的初始概率处于空间 Ⅵ，即 $y<y^*$ 时，NAO 趋于选择宽松监管策略；当 NAO 的初始概率处于空间 V 时，即 $y>y^*$ 时，NAO 趋于采用严格监管的行为策略。

4.3.1.4 三方复制动态方程的稳定性分析

根据上述对三方的复制动态方程的解析，可以得出以下命题：

命题 1： C_i、g 与企业选择信息共享的行为概率呈负相关关系，R、D_i、E_i、J_i、P_i 与企业选择信息共享的行为呈正相关关系。其中，D_A、E_A、J_A、P_A 与企业 A 选择信息共享的行为呈正相关关系，C_A 与企业 A 选择信息共享行为的概率

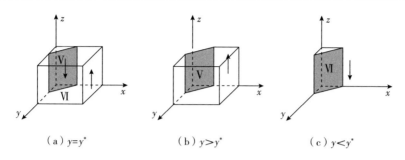

（a）$y=y^*$　　　　　　（b）$y>y^*$　　　　　　（c）$y<y^*$

图 4-6　NAO 动态趋势演化相位

呈负相关关系；J_B、P_B、D_A、D_B、E_B 与企业 B 信息共享的概率呈正相关关系，C_B 与其呈负相关关系。

证明：根据企业 A 的策略动态趋势演化，求各参数的一阶偏导数，得到 $\partial z^*/\partial C_A>0$，$\partial z^*/\partial g>0$，$\partial z^*/\partial R<0$，$\partial z^*/\partial D_B<0$，$\partial z^*/\partial D_A<0$，$\partial z^*/\partial E_A<0$，$\partial z^*/\partial J_A<0$，$\partial z^*/\partial P_A<0$。因此，$C_A$、$g$ 下降或 R、D_B、D_A、E_A、J_A、P_A 上升，均会使企业 A 信息共享的概率上升。另外，根据企业 B 的策略动态趋势演化，对 z^{**} 求各要素的偏导数得 $\partial z^{**}/\partial C_B>0$，$\partial z^{**}/\partial g>0$，$\partial z^{**}/\partial J_B<0$，$\partial z^{**}/\partial P_B<0$，$\partial z^{**}/\partial D_A<0$，$\partial z^{**}/\partial D_B<0$，$\partial z^{**}/\partial E_B<0$。可以看出，$J_B$、$P_B$、$D_A$、$D_B$、$E_B$ 增加或 C_B、g 降低时，z^{**} 降低，企业 B 信息共享的概率上升。

命题 1 表明，在基于区块链技术的企业网络中，区块链技术通过分布式共识、嵌入智能合约的奖惩机制可以提高企业选择信息共享策略的意愿。特别是在区块链智能合约的可自动执行特性下，当企业选择违约而不共享信息时将会使预存定金自动补偿给对方企业，自动执行协议带来的信任补偿在一定程度上将达到抑制不共享行为的治理效应。在此基础上，区块链技术对企业共享信息的质量和数量进行评估后所赋予的声誉激励，以及将共享行为上链公告的举动将促使企业获得良好的品牌效应，从而引导商家进行信息共享，由此，演化策略 x 趋于 1，企业网络内的道德风险问题将得到改善。

命题 2： 在基于区块链技术的企业网络中，企业选择信息共享的概率与对方选择共享的概率呈正相关关系。

证明：$\partial z^*/\partial y<0$，因此当 y 变大时，z^* 减小，此时空间 Ⅰ 变小，空间 Ⅱ 变大，企业 A 选择信息共享策略的概率上升；$\partial z^{**}/\partial x<0$，当 x 变大时，z^{**} 减小，此时空间 Ⅳ 变小，企业 B 选择信息共享策略的概率上升。

由命题 2 可知，在基于区块链技术的企业网络中，依托信息透明且可追溯、合约自动执行的区块链平台能够有效威慑节点间的道德风险，提升参与方之间的信任度，降低违约行为的发生概率。同时，企业网络引入区块链技术作为组织间信息共享的底层技术支撑，共识机制提供透明可验证、追溯防篡改、全程留痕的产品交易信息，打破组织间信息不对称的困局；身份认证机制保障交易主体的真实性；声誉机制解决组织间逆向选择和道德风险，从而实现组织间信息共享。因此，当一方进行信息共享的意愿极低时，另一方选择信息共享的概率也随之降低并趋于 0。一方企业的不共享行为致使组织间的信息共享收益难以实现，假若另一方企业仍坚持信息共享，则还需要承担信息共享的成本与风险。此时，选择信息共享的所得收益远远低于信息不共享策略下的收益，企业的占优策略为信息不共享，企业群体呈现出明显的"羊群效应"，企业网络内信息共享明显少见。反之，其中一方对企业间信息共享的重视程度越高，则越会激发另一方企业的共享意愿。尤其是在基于区块链技术的企业网络中，点对点传输、共识机制与非对称加密技术实现了全平台信息同步且同质，可保证上链信息的完整性与安全性。此外，区块链技术将奖惩机制嵌入可自动执行的智能合约内，实现企业间的自动履约，从而提高企业的违约代价。假若企业仍然坚持违约不进行信息共享，无异于舍本逐末，此时企业的占优策略为信息共享。

命题 3：在基于区块链技术的企业网络中，企业 A/B 选择信息共享的概率与 NAO 进行严格监管的概率呈正相关关系。

证明：由 $\partial J(z)/\partial z>0$ 可知，随着 NAO 监管概率 z 的增加，企业 A 选择信息共享策略的概率提高，直至稳定选择信息共享策略；$\partial H(z)/\partial z>0$，随着 z 的增大，企业 B 选择信息共享策略的概率提高，直至稳定于选择信息共享。

由命题 3 可知，在基于区块链技术的企业网络中，哈希加密算法、时间戳机制以及分布式共识机制实现了企业信息实时、全程上链，企业间的信息共享流程可实现全程留痕、可追溯且不可单独篡改，为 NAO 实时的动态监管提供有力的支撑，极大地提高了监管效率。因此，网络内企业进行信息共享的概率与 NAO 严格监管的概率呈正相关关系。当 NAO 选择严格监管的概率较低时，网络内企业无外在实时监管的牵制，即使在信息不共享的行为上链将带来负面影响的情形下，当共享风险与成本大于其违规损失时，企业便会为了规避信息共享带来的风险而选择信息不共享，以达到求稳的企业目标。此时，区块链技术将难以发挥促进企业信息共享的治理效应。反之，当 NAO 进行监管的概率较高时，NAO 借助区块链技术实现对共享流程的实时监管，对违规行为进行智能惩罚，企业信息不共享所得将难以填补罚款、违约行为上链所带来声誉降低的损失。NAO 实时的严监强管治理行为将提高企业进行信息共享的意愿。可以看出，在基于区块链技术的企业网络中，NAO 的监管约束是促使企业履行合约、进行信息共享的有利推手。

命题 4： C_N 与 NAO 严格监管的概率呈负相关关系，P_A、P_B、L_N、L_O 与平台严格监管的概率呈正相关关系。

证明：对 y^* 分别求各要素的一阶偏导数，得 $\partial y^*/\partial C_N < 0$，$\partial y^*/\partial P_A > 0$，$\partial y^*/\partial P_B > 0$，$\partial y^*/\partial L_N > 0$，$\partial y^*/\partial L_O > 0$。因此，$P_A$、$P_B$、$L_N$、$L_O$ 增加或 C_N 降低，导致 y^* 增大，此时 NAO 采取严格监管策略的概率上升。

由命题 4 可知，当宽松监管带来的损失、严格监管带来的收益、奖惩力度带给 NAO 的影响超过一定界限时，NAO 鉴于监管对声誉及收益的影响，将提高严格监管的概率。此外，监管成本是影响 NAO 采取何种监管力度的关键因素，若因监管的复杂性高、精准性低、执行难度大等而造成监管成本过高，不堪重负的 NAO 将放弃严格监管策略，转向宽松监管。

命题 5： 在基于区块链技术的企业网络中，NAO 进行严格监管的概率与企业进行信息共享的概率呈负相关关系。

证明：$\partial y^*/\partial x < 0$，$\partial G(y)/\partial y < 0$，因此，当 x、y 变大时，y^* 减小，此时平台进行严格监管的概率降低。

命题 5 表明，企业选择信息共享的概率趋于 1 时，NAO 严格监管的概率趋向于 0，即随着企业信息共享的概率增加，NAO 严格监管的概率降低。在基于区块链的企业网络信息共享系统中，智能合约将有效控制企业的违约行为，在很大程度上规避 NAO 监管的人为疏漏。在规范运营的情形下 NAO 无须耗费额外成本进行严格监管，这时，适度的宽监管将是推动组织间共享信息的有力措施。反之，当企业选择信息共享的概率趋于 0 时，NAO 严格监管的概率趋向于 1。区块链可实现信息共享全过程的追溯与追责，若 NAO 监管部门对企业的违约行为置若罔闻，将会导致自身处于极大的被动地位，不利于网络声誉的提高，其威信会下降。此时，严格监管才是 NAO 的最佳策略。因此，作为"网络守门人"的 NAO 应坚持"为之于未有，治之于未乱"的治理理念，推动组织间信息共享的顺畅进行。

4.3.2 演化博弈系统均衡点的稳定性分析

令 NAO、企业 A、企业 B 的复制动态方程 $F(x)=F(y)=F(z)=0$，可得到演化博弈系统的所有均衡解，其中有 8 个纯策略均衡点，其余为混合策略。鉴于三群体两策略演化博弈模型的稳定均衡点只在纯策略均衡点中产生，因此只需讨论纯策略点即可。依据演化博弈理论，均衡点的稳定性可由雅可比矩阵得出。根据李雅普诺夫稳定性理论，雅可比矩阵在某均衡点处的所有特征值小于 0，说明在该均衡点处系统达到演化稳定均衡（ESS）；若雅可比矩阵的特征值至少有一个大于 0，那么均衡点是不稳定的。故而将 8 个纯策略均衡点代入雅可比矩阵中，对其稳定性进行分析，具体如表4-4所示。矩阵如下：

$$
J = \begin{bmatrix} \dfrac{\partial F(x)}{\partial x} & \dfrac{\partial F(x)}{\partial y} & \dfrac{\partial F(x)}{\partial z} \\[2ex] \dfrac{\partial F(y)}{\partial x} & \dfrac{\partial F(y)}{\partial y} & \dfrac{\partial F(y)}{\partial z} \\[2ex] \dfrac{\partial F(z)}{\partial x} & \dfrac{\partial F(z)}{\partial y} & \dfrac{\partial F(z)}{\partial z} \end{bmatrix}
$$

$$
= \begin{bmatrix} \begin{array}{l} (1-2x)\big[y(R-D_B+D_A)+z\big] \\ (J_A+P_A)+E_A-C_A-gS_A+D_B \end{array} & \begin{array}{l} x(1-x)\big[R-D_B+ \\ D_A\big] \end{array} & \begin{array}{l} x(1-x) \\ (J_A+P_A) \end{array} \\[3ex] \begin{array}{l} y(1-y) \\ (R-D_A+D_B) \end{array} & \begin{array}{l} (1-2y)\big[x(R-D_A+D_B)+z(J_B+P_B) \\ +E_B-C_B-gS_B+D_A\big] \end{array} & \begin{array}{l} y(1-y) \\ (J_B+P_B) \end{array} \\[3ex] \begin{array}{l} z(1-z)\big[J_A+J_B+P_A- \\ y(J_A-L_N)\big] \end{array} & \begin{array}{l} z(1-z)\big[J_A+J_B-x \\ (J_A-L_N)\big] \end{array} & \begin{array}{l} (1-2z)\big[-x(J_A+J_B+P_A)-y(J_A+J_B)+ \\ xy(J_A-L_N)+L_O+L_N+P_A+P_B-C_N \end{array} \end{bmatrix}
$$

表4-4　均衡点稳定性分析

均衡点	特征值		实部符号	稳定性	条件
	$\alpha_1, \alpha_2, \alpha_3$				
E_1 (0, 0, 0)	$E_A-C_A-gS_A+D_B$, $E_B-C_B-gS_B+D_A$, $L_O+L_N+P_A+P_B-C_N$		(×, −, ×)	不稳定	\
E_2 (1, 0, 0)	$-(E_A-C_A-gS_A+D_B)$, $R+D_B+E_B-C_B-gS_B$, $L_O+L_N+P_B-C_N-J_A-J_B$		(×, +, ×)	不稳定	\
E_3 (0, 1, 0)	$R+D_A+E_A-C_A-gS_A$, $-(E_B-C_B-gS_B+D_A)$, $L_O+L_N+P_A+P_B-C_N-J_A-J_B$		(×, +, ×)	不稳定	\

均衡点	特征值 $\alpha_1,\alpha_2,\alpha_3$	实部符号	稳定性	条件
E_4 $(0,0,1)$	$J_A+P_A+E_A-C_A-gS_A+D_B$，$J_B+P_B+E_B-C_B-gS_B+D_A$，$-(L_O+L_N+P_A+P_B-C_N)$	$(\times,\times,\times)$	ESS	A
E_5 $(1,1,0)$	$-(R+D_A+E_A-C_A-gS_A)$，$-(R+D_B+E_B-C_B-gS_B)$，$L_O+P_B-2J_B-J_A-C_N$	$(\times,-,\times)$	ESS	B
E_6 $(1,0,1)$	$-(J_A+P_A+E_A-C_A-gS_A+D_B)$，$R+D_B+J_B+P_B+E_B-C_B-gS_B$，$-(L_O+L_N+P_B-C_N-J_A-J_B)$	$(\times,+,\times)$	不稳定	\
E_7 $(0,1,1)$	$R+D_A+J_A+P_A+E_A-C_A-gS_A$，$-(J_B+P_B+E_B-C_B-gS_B+D_A)$，$-(L_O+L_N+P_A+P_B-C_N-J_A-J_B)$	$(+,\times,\times)$	不稳定	\
E_8 $(1,1,1)$	$-(R+D_A+J_A+P_A+E_A-C_A-gS_A)$，$-(R+D_B+J_B+P_B+E_B-C_B-gS_B)$，$-(L_O+P_B-2J_B-J_A-C_N)$	$(-,-,\times)$	ESS	C

注：表中"×"表示符号未知。

A. $C_i+gS_i<\min\{E_A+D_B,\ E_B+D_A\}$，$L_O-C_N<2J_B+J_A-P_B$；

B. $C_i+gS_i<\min\{E_A+D_B,\ E_B+D_A\}$，$L_O-C_N>2J_B+J_A-P_B$；

C. $C_i+gS_i>\max\{E_A+D_B+J_A+P_A,\ E_B+D_A+J_A+P_A\}$，$L_O-C_N>2J_B+J_A-P_B$。

命题 6： 当 $C_i+gS_i<\min\{E_A+D_B,\ E_B+D_A\}$，$L_O-C_N<2J_B+J_A-P_B$ 时，信息共享系统仅在 E_5（1，1，0）均衡点处达到演化稳定均衡状态。

证明：当 $C_i+gS_i<\min\{E_A+D_B,\ E_B+D_A\}$，$L_O+P_B<2J_B+J_A+C_N$ 时，由表 4-4 可得各均衡点的特征值，根据李雅普诺夫稳定性理论，E_5（1，1，0）为演化稳定点。

由命题 6 表明，当企业 A、企业 B 选择信息共享策略时的共享成本与共享风险小于区块链智能合约自动执行的声誉激励与预定金，且 NAO 监管带来的网络收益与监管成本之和小于监管时需要支付的奖惩金时，系统将演化稳定于{信息共享，信息共享，宽松监管}。此时，尽管 NAO 选择监管策略缺乏有效动力，但上链企业在声誉激励与预定金激励下，倾向于选择信息共享策略。可见，通过将信任补偿与声誉激励编入自动执行的智能合约中，只要给予的激励大于其信息共享所承担的风险与成本时，无论 NAO 是否进行监管，双方企业都倾向于选择信息共享策略。可自动执行的智能合约是保证企业激励实现的重要因素，同时在很大程度上降低企业不确定性，从而提高企业的共享意愿。

命题 7： 当 $C_i+gS_i<\min\{E_A+D_B,\ E_B+D_A\}$，$L_O-C_N>2J_B+J_A-P_B$ 时，信息共享系统仅在 E_8（1，1，1）均衡点处达到演化稳定均衡状态。

证明：当 $C_i+gS_i<\min\{E_A+D_B,\ E_B+D_A\}$，$L_O-C_N>2J_B+J_A-P_B$ 时，由表 4-4 可知各均衡点的特征值，根据李雅普诺夫稳定性理论，E_8（1，1，0）为演化稳定点。

由命题 7 表明，当 NAO 监管带来的网络收益与监管成本之和大于监管对企业实施的奖惩时，系统将演化稳定于｛信息共享，信息共享，严格监管｝。可以看出，此时系统的三方主体均积极践行自身责任，促进企业网络内的信息共享实践。NAO 作为企业网络信息共享活动的主要监管者，高效运用区块链技术对企业的违约行为进行监控，将为组织间信息共享塑造良好的环境，并吸引潜在的信息主体加入，提高企业的共享意愿，促进信息共享系统良性循环。

命题 8：当 $C_i+gS_i>\max\{E_A+D_B+J_A+P_A,\ E_B+D_A+J_A+P_A\}$，$L_O-C_N>2J_B+J_A-P_B$ 时，信息共享系统仅在 E_4（0，0，1）均衡点处达到演化稳定均衡状态。

证明：当 $C_i+gS_i-P_i>\max\{E_A+D_B+J_A,\ E_B+D_A+J_B\}$，$L_O-C_N>2J_B+J_A-P_B$ 时，由表 4-4 可知各均衡点的特征值，根据李雅普诺夫稳定性理论，E_4（0，0，1）为演化稳定点。

由命题 8 表明，当企业 A、企业 B 选择信息共享策略时的共享成本与共享风险大于声誉激励与预定金激励以及 NAO 监管时对企业的奖惩之和，且 NAO 严格监管带来的网络收益与监管成本之和大于监管时需要支付的奖惩金时，系统将演化稳定于｛不共享，不共享，严格监管｝。此时，尽管 NAO 选择严格监管策略，但上链企业选择信息共享策略时的共享成本与共享风险太高，区块链的声誉激励与 NAO 监管的奖励不足以补偿其进行信息共享时付出的成本。可见，共享成本与共享风险是影响企业进行信息共享的关键因素。

4.4　数值仿真分析

为了进一步验证上述命题，更直观地反映本章的研究内容，下面采用数值进行模拟仿真分析。本章根据 2022 年中国产业区块链 100 强企业相关数据，通过网络数据获取其引入区块链技术后的实际信息共享情况，对支付矩阵中的参数初始值给出假设（见表 4-5），并借助 MATLAB2021a 对模型进行仿真分析，更为直观地描述基于区块链技术的企业网络信息共享系统中行为主体的演化趋势。

表 4-5　参数设置

参数	数值	参数	数值	参数	数值	参数	数值
S_A	3	C_A	4	E_A	2	J_A	3
S_B	14	C_B	8	E_B	2	J_B	3
a_A	3	D_A	1	C_N	10	P_A	2
a_B	5	D_B	5	L_O	2	P_B	2
g	5	R	5	L_N	7		

4.4.1　初始意愿对参与主体演化路径的影响

图 4-7 模拟了在三方主体初始意愿同时变化情形下的演化系统稳定状态。由图 4-7 可知，在基于区块链的企业网络中，首先，随着企业 B 趋于选择信息共享后，企业 A 和 NAO 陆续采取信息共享和宽松监管策略，最终平衡点趋于 （1，1，0）。可以看出，企业信息共享的初始意愿越高，其收敛速度越快，说明在区块链技术的牵制下，将会激发企业的道德责任感，特别是在面对信息共享的高风险情形下，企业相信区块链会保障其信息的安全性与隐私性，倾向于选择信息共享。其次，企业之间的监督将促进信息共享。从图 4-7 可以看出，随着企业 B 选择信息共享，企业 A 紧随其后实施信息共享策略。因此，企业之间的相互影响、相互监督是实现网络中信息共享的有力手段。最后，NAO 收敛于 0 的速度始终慢于企业的收敛速度。可以表明，在基于区块链的企业网络中，区块链对组织间信息共享具有极佳的治理效果，特别是其分布式共识和自动可执行为网络提供了一种新的协调治理方式。

图 4-8 模拟仿真了企业 A 初始意愿变化对企业 B 和 NAO 策略的影响。从图 4-8 可以看出，当企业 B 与 NAO 的初始意愿处于 0.5 时，企业 A 初始意愿的增加使 NAO 和企业 B 的收敛速度加快，特别是 NAO 的收敛速度有明显的加快趋势。由此验证了命题 2 与命题 3，即企业 B 与 NAO 的策略受到企业 B 初始参与意愿的影响，不完全信息下的企业投机行为是企业网络信息共享效率不高、不充分的根源。因此，营造一个良好的信息共享环境，提高企业信息共享意愿才是实现组织间共享的根本路径。

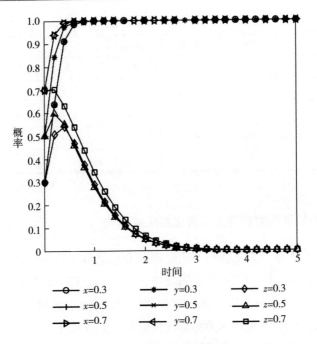

图 4-7　三方初始意愿仿真

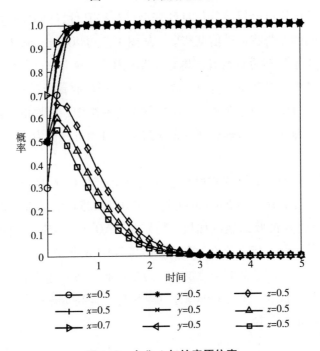

图 4-8　企业 *A* 初始意愿仿真

图 4-9 模拟仿真了 NAO 初始意愿变化对演化系统的影响。从图 4-9 可以看出，NAO 初始意愿的变化对演化系统的最终稳定状态没有影响，仅是对自身的收敛速度产生较大影响。随着 NAO 初始意愿的增加，其收敛于 0 的速度明显变慢。

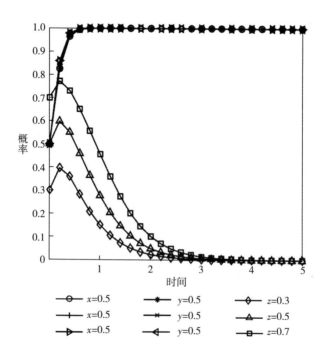

图 4-9　NAO 初始意愿变化仿真

4.4.2　三方策略演化的影响因素

4.4.2.1　企业策略演化的影响因素

图 4-10 模拟仿真了企业进行信息共享风险系数对演化系统的影响。当信息共享风险系数 g 分别取值 0.5、2.5、2.9、3.5 时，由图 4-10 可知，演化系统的最终稳定状态随着信息共享风险系数的变化而变化。随着信息共享风险系数从 0.5 增加到 3.5，演化系统的稳定状态从 ｛信息共享，信息共享，不监管｝ 转变为 ｛信息不共享，信息不共享，监管｝。可以看出，在基于区块链的企业网络中，企业进行信息共享的风险系数是影响博弈三方演化稳定策略的重要因素。信息共享风险系数 g 在 2.5~2.9 存在一个阈值，当信息共享低于此阈值时，博弈三

方演化策略稳定于 {信息共享，信息共享，宽松监管}，且风险系数越小，三方收敛的速度越快；当高于该阈值时，博弈三方演化策略稳定于 {信息不共享，信息不共享，严格监管}，且风险系数越高，企业收敛于信息不共享、NAO 收敛于监管的速度越快。此外，可以看出，随着企业进行信息共享风险系数的升高，NAO 倾向于进行严格监管。在基于区块链技术的企业网络中，随着信息共享风险系数的增大，共享主体趋向于选择信息不共享策略，而此时 NAO 借由区块链技术实现对网络内企业行为的实时监管，及时发现企业违约意图，从而改变其策略，以实现对违约行为的惩戒。

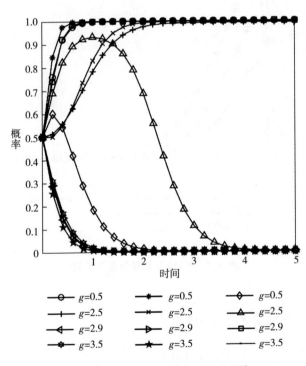

图 4-10　信息共享风险系数变化仿真

　　图 4-11 模拟仿真了信息共享量对演化系统的影响。当信息共享量 S_A、S_B 分别取值 4、5，9、10 和 14、15 时，由图 4-11 可知，演化系统的最终稳定状态随着信息共享量而变化。随着信息共享量从 4、5 增加到 14、15，演化系统的稳定状态从 {信息不共享，信息不共享，严格监管} 转变为 {信息共享，信息不共享，宽松监管}。可以看出，在基于区块链的企业网络中，企业之间共享的信息

量是影响博弈三方演化稳定策略的重要因素。信息共享量 S_i 存在一个阈值，当信息共享量低于此阈值时，博弈三方演化策略稳定于 {信息不共享，信息不共享，严格监管}；当高于该阈值时，博弈三方演化策略稳定于 {信息共享，信息共享，宽松监管}，且信息共享量越多，企业收敛于信息共享、NAO 收敛于宽松监管的速度越快。此外，随着企业之间进行所提供的信息共享量的增加，NAO 倾向于进行宽松监管。因此，在基于区块链技术的企业网络中，随着信息共享量的增加，企业趋向于选择信息共享策略，而此时在双方积极进行信息共享的情况下，再加之区块链技术的加持，NAO 便能够及时发现企业违约意图，实现对违约行为的惩戒。因此，此时 NAO 实行宽松监管策略。

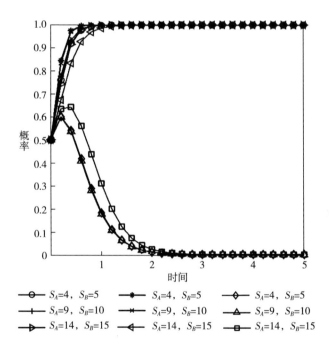

图 4-11　企业信息共享量变化仿真

图 4-12 模拟仿真了信息共享成本对演化系统的影响。当信息共享成本 C_A、C_B 分别取值 0、0，5、5，8、8 和 10、10 时，由图 4-12 可知，演化系统的最终稳定状态随着信息共享成本的变化而变化。随着信息共享成本从 0、0 增加到 10、10，演化系统的稳定状态从 {信息共享，信息共享，不监管} 转变为 {信息不共享，信息不共享，监管}。可以看出，在基于区块链技术的企业网络中，企业

之间进行共享的成本是影响博弈三方演化稳定策略的重要因素。信息共享成本 C_i 在 8~10 存在一个阈值，当信息共享成本低于此阈值时，博弈三方演化策略稳定于 {信息共享，信息共享，宽松监管}，且信息共享成本越低，三方收敛的速度越快；当高于该阈值时，博弈三方演化策略稳定于 {信息不共享，信息不共享，严格监管}，且信息共享成本越高，企业收敛于信息不共享、NAO 收敛于严格监管的速度越快。此外，随着企业进行信息共享成本的增加，NAO 倾向于进行严格监管。在基于区块链技术的企业网络中，随着信息共享成本的升高，企业趋向于选择信息不共享策略，而此时 NAO 由原先的宽松监管转为严格监管策略。NAO 通过区块链对企业信息进行监测，了解企业进行信息共享所需的成本，对链上信息进行评估分析实施最佳策略，实现对企业行为的预判。

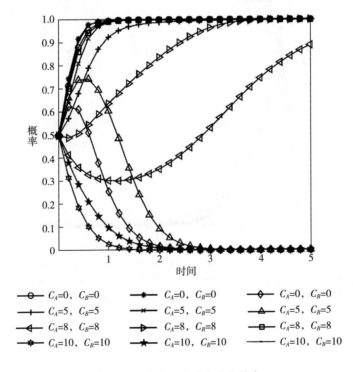

图 4-12 信息共享成本变化仿真

图 4-13 模拟仿真了声誉激励对演化系统的影响。当信息共享成本 E_A、E_B 分别取值-3、-2，1、2，5、6 和 8、9 时，由图 4-13 可知，演化系统的最终稳定状态随着声誉激励的大小的变化而变化。随着声誉激励从-3、-2 增加到 8、

9，演化系统的稳定状态从｛信息不共享，信息不共享，严格监管｝转变为｛信息共享，信息共享，宽松监管｝。可以看出，在基于区块链的企业网络中，嵌入到智能合约中的声誉激励是影响博弈三方演化稳定策略的重要因素，尤其是企业策略选择的重要动因。由图 4-13 可知，只需声誉激励 E_i 大于 0，企业就会选择信息共享策略，而此时 NAO 选择不监管，且声誉激励越高，三方收敛于｛信息共享，信息共享，宽松监管｝的速度越快；然而当网络不设置声誉激励时，企业缺乏进行信息共享的动力，最终使博弈三方演化策略稳定于｛信息不共享，信息不共享，严格监管｝。因此，在基于区块链技术的企业网络中，嵌入可自动执行的智能合约中的声誉激励对促成企业双方信息共享至关重要。

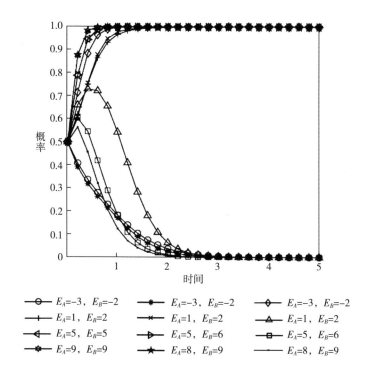

图 4-13　声誉激励变化仿真

图 4-14 模拟仿真了预存定金对演化系统的影响。当预存定金 D_A、D_B 分别取值 0、0，0.5、0.5，1、1 和 2、2 时，由图 4-14 可知，演化系统的最终稳定状态随着预存定金的大小变化而变化。随着预存定金从 0、0 增加到 2、2，演化系统的稳定状态从｛信息不共享，信息不共享，严格监管｝转变为｛信息共享，

信息共享, 宽松监管}。可以看出, 在基于区块链技术的企业网络中, 嵌入智能合约中的预存定金是影响博弈三方演化稳定策略的重要因素, 尤其是企业策略选择的重要动因。由图 4-14 可知, 预存定金 D_i 在 0~0.5 存在一个阈值, 当预存定金低于此阈值时, 博弈三方演化策略稳定于 {信息不共享, 信息不共享, 严格监管}; 当高于该阈值时, 博弈三方演化策略稳定于 {信息共享, 信息共享, 宽松监管}, 且预存定金越高, 三方收敛的速度越快。通过设置预存定金, 并规定当一方违约时, 定金自动补偿给对方企业, 可以在很大程度上对企业的违约行为进行抑制。

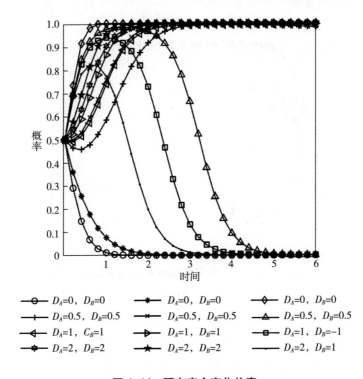

图 4-14 预存定金变化仿真

图 4-15 模拟仿真了惩罚系数对演化系统的影响。当信息共享成本 P_A、P_B 分别取值 0、0, 3、3 和 5、5 时, 由图 4-15 可知, 演化系统的最终稳定状态随着惩罚大小的变化而变化。随着惩罚从 0、0 增加到 5、5, 演化系统的稳定状态从 {信息不共享, 信息不共享, 监管} 转变为 {信息共享, 信息共享, 严格监管}。可以看出, 在基于区块链技术的企业网络中, NAO 将惩罚嵌入可自动执行的智

能合约中,可以最大限度地影响博弈三方演化稳定策略,尤其是对促成企业间信息共享至关重要。由图 4-15 可知,NAO 针对企业设置的惩罚 P_i 在 0~5 存在一个阈值,当惩罚低于此阈值时博弈三方演化策略稳定于{信息不共享,信息不共享,宽松监管};当高于该阈值时,博弈三方演化策略稳定于{信息共享,信息共享,严格监管},且惩罚越高,三方收敛的速度越快。

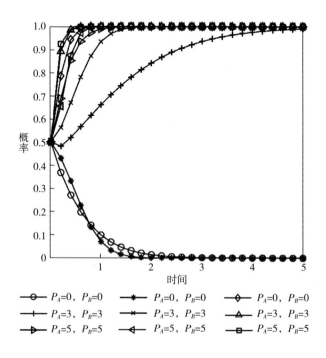

图 4-15 惩罚变化仿真

图 4-16 模拟仿真了奖励对演化系统的影响。当信息共享成本 J_A、J_B 分别取值 0、0,5、5 和 10、10 时,由图 4-16 可知,演化系统的最终稳定状态随着奖励大小的变化而变化。随着奖励从 0、0 增加到 10、10,演化系统的稳定状态从{信息不共享,信息不共享,监管}转变为{信息共享,信息共享,宽松监管}。可以看出,在基于区块链技术的企业网络中,NAO 将奖励嵌入可自动执行的智能合约中,可以最大限度地影响博弈三方演化稳定策略,尤其对 NAO 的监管策略选择而言至关重要。由图 4-16 可知,NAO 针对企业设置的奖励 J_i 在 0~5 存在一个阈值,当奖励低于此阈值时,博弈三方演化策略稳定于{信息共享,信息

共享，严格监管｝；当高于该阈值时，博弈三方演化策略将稳定于｛信息共享，信息共享，宽松监管｝，且奖励越高，三方收敛的速度越快。特别是当对企业进行信息共享的奖励过高时，NAO 将选择宽松监管的策略，可知此时自动执行奖励的智能合约在很大程度上增强了企业间信任，从而提升企业进行信息共享的意愿。

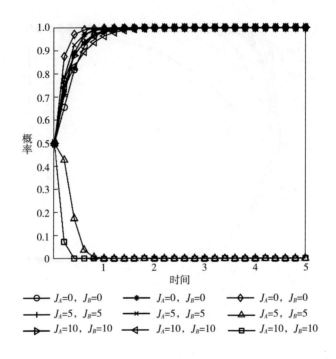

图 4-16　奖励变化仿真

4.4.2.2　NAO 策略演化的影响因素

图 4-17 模拟仿真了监管成本对演化系统的影响。当监管成本 C_N 分别取值 2、5 和 10 时，由图 4-17 可知，演化系统的最终稳定状态随着监管成本大小的变化而变化。随着奖励从 2 增加到 10，演化系统的稳定状态从｛信息共享，信息共享，严格监管｝转变为｛信息共享，信息共享，宽松监管｝。可以看出，在基于区块链技术的企业网络中，NAO 的监管成本是影响其策略选择的重要参考因素。特别是当监管过低时，即使企业选择信息共享行为，NAO 也会保持严格监管的策略。然而随着监管成本的提高，NAO 将转变策略，选择宽松监管。由

此可知，NAO 为实施严格监管而付出的成本是其行为策略选择的重要影响因素。此外，监管成本 C_N 在 2~5 存在一个阈值，当监管成本低于此阈值时，博弈三方演化策略稳定于 {信息共享，信息共享，严格监管}；当高于该阈值时，博弈三方演化策略将稳定于 {信息共享，信息共享，宽松监管}，且成本越高，NAO 收敛于宽松监管的速度越快。

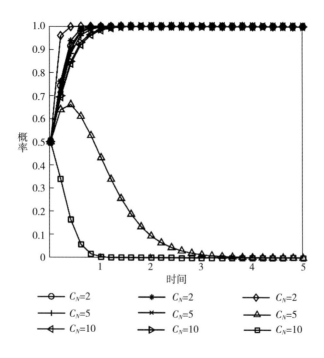

图 4-17　监管成本的仿真

　　图 4-18 模拟仿真，网络收益损失对演化系统的影响。当网络收益、损失 L_N、L_O 分别取值为 0、10，5、5 和 10、0 时，由图 4-18 可知，演化系统的最终稳定状态随着网络收益与损失大小的变化而变化。随着网络损失从 0 增加到 10，网络收益从 10 减少为 0，NAO 的策略选择从严格监管转为宽松监管。可以看出，在基于区块链技术的企业网络中，监管策略不同所带来的网络收益与损失达到一定水平时，NAO 会出于寻利的目标实施监管策略，以确保企业间信息共享。此外，网络收益 L_N 在 5~10 存在一个阈值，当网络收益低于此阈值时，博弈三方演化策略稳定于 {信息共享，信息共享，宽松监管}；当高于该阈值时，博弈三

方演化策略将稳定于｛信息共享，信息共享，严格监管｝，且收益越高，NAO 收敛于严格监管的速度越快，而网络损失则与此相反。

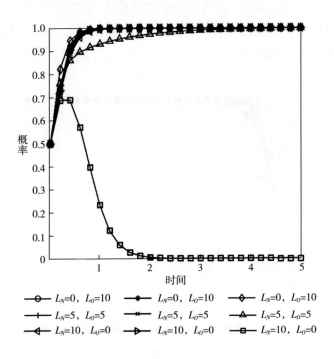

图 4-18　网络收益与损失的仿真

4.5　结果讨论

本章通过构建三方演化博弈模型，分析了基于区块链技术的企业网络信息共享系统中两个信息主体与网络管理组织三者之间的策略选择，并重点讨论区块链技术智能合约中奖惩合约、信息共享合约、预存定金合约、声誉激励合约的设置对企业网络信息共享策略的影响，通过博弈三方的策略稳定性与系统的演化稳定性分析讨论在基于区块链技术的信息共享系统中实现组织间信息共享的参数条件，从而得出系列命题，并针对各命题的演化策略和演化路径运用 MAT-LAB2021a 进行数值模拟仿真验证。下面对上述理论分析做进一步总结和讨论：

（1）搭建基于区块链技术的企业网络信息共享框架，厘清区块链技术助力于破解组织间信息共享难题的逻辑。通过对信息共享主体、功能需求的识别，明晰了基于区块链技术的信息共享框架构建思路。在此基础上，构建了基于双层区块链的企业网络信息共享框架，包含数据层、网络共识层、智能合约层以及应用层，通过四层的共享结构保障组织间的信息共享。而后设计组织间信息共享的流程，将其分为 8 个阶段，从而实现组织间的信息共享。可以看出，在基于区块链技术的信息共享系统中，通过私有链、联盟链双链结构，结合区块链的共识机制、智能合约以及 NAO 实时监管，最大限度地降低了信息不对称，震慑了违约行为，并提高了共享主体之间的信任水平，为解决信息共享意愿低、"信息孤岛"等困境问题提供了新的治理视角。

（2）构建基于区块链技术的信息共享演化博弈模型，旨在分析信息共享参与主体之间行为策略选择的影响因素以及各因素相互作用的动态演化过程，并激励网络企业积极参与信息共享。研究发现：①当信息共享一方选择信息共享（信息不共享）策略时，另一方也会选择同样的策略作为最终的战略结果。由此看出，在基于区块链技术的企业网络信息系统中，通过将奖惩合约、预存定金合约等嵌入可自动执行的智能合约中，可实现企业间合约的自动履约，提高企业的违约代价。此时企业若坚持违约不进行信息共享，将付出极大的代价。②当 NAO 选择严格监管时，信息共享企业倾向于选择信息共享策略。NAO 利用区块链技术实现对共享流程的实时监管，并对违约行为进行自动化的智能惩罚，威慑企业的违约行为，并提高共享意愿。也就是说，NAO 的严格监管将是促成企业履行合约、选择信息共享策略的有利推手。③当企业选择信息共享策略时，NAO 倾向于选择宽松监管策略。也就是说，在企业网络信息共享系统中，每个共享主体都遵循信息共享合约的特定要求时，NAO 会放松监管，给予企业网络组织间信息共享极大的自主空间。

（3）通过模拟仿真基于区块链技术的信息共享系统中行为主体的演化趋势发现：①初始意愿对演化均衡影响显著，只有对企业违约行为进行约束，提高企业共享意愿，才能从根本上解决企业网络中"信息孤岛"、信息共享难的治理困境。②信息共享风险系数、信息共享量、共享成本、声誉激励、预存定金、惩罚系数均会影响企业参与信息共享的选择以及选择策略趋于稳定的速度，而激励系数仅影响企业选择信息共享策略的速度而不会改变其策略选择。③监管成本与网络收益和损失是影响 NAO 监管策略选择的重要因素。

4.6 本章小结

　　本章在前文分析的基础上，进一步拓展研究视野，设计了一套基于区块链技术的信息共享框架。该框架旨在通过区块链的特性，如去中心化、不可篡改和透明性，来提高企业网络中的信息共享效率和安全性。本章运用三方演化博弈模型，分析信息共享主体、NAO以及其他相关方之间的策略互动。在这一框架下，本章重点讨论了区块链技术在企业网络信息共享中的作用机理。区块链技术通过提供一个安全、可靠的信息共享平台，有助于降低信息共享过程中的信任成本和协调成本。同时，智能合约的自动执行功能可以确保信息共享协议的严格执行，减少违约风险。

　　本章进一步分析了在区块链技术环境中，多个关键参数如何影响三方的策略选择。信息共享风险系数反映了信息共享过程中可能遇到的不确定性和潜在损失。信息共享量和共享成本直接关系到企业参与信息共享的意愿和能力。声誉激励和预存定金可以作为激励机制，鼓励企业遵守信息共享协议，提高信息共享的质量和可靠性。惩罚系数则反映了违约行为的成本，有助于抑制机会主义行为。监管成本与网络收益和损失参数则涉及监管机构在区块链网络治理中的角色和影响。通过对这些参数的综合分析，本章识别了影响三方策略选择的关键因素，并探讨了这些因素如何相互作用，从而影响企业网络中的信息共享行为。研究结果表明，区块链技术可以通过降低信息共享成本、提高信息共享的透明度和可追溯性，有效促进企业网络中的信息共享。

　　本章的结论不仅为理解和应用区块链技术提供了新的视角，也为促进企业网络信息共享实践提供了有益的指导。通过设计合理的激励和约束机制，可以优化信息共享主体的策略选择，提高企业网络的整体效率和竞争力。同时，本章的研究也为监管机构提供了参考，有助于构建一个更加健康、可持续的企业网络信息共享生态系统。

第5章 基于区块链技术的企业
网络机会主义行为治理研究

区块链技术被认为能够以分布式共识、自动可执行等方式抑制组织间机会主义行为。但在实践中，区块链技术能否发挥网络治理效应仍有待验证。进一步地，在机会主义治理方面，区块链技术与现有的治理机制（契约治理、关系治理）如何相互作用？现有研究并未揭示二者在机会主义治理方面是否存在互替性关系。因此，本章在研究区块链技术对机会主义行为的影响时，必须考虑治理机制的影响。在理论模型与关系假设的基础上，通过实证检验区块链技术与治理机制在机会主义治理中的互动关系以及相对重要性，对实现网络有效治理具有重要意义。

5.1 理论分析与模型构建

5.1.1 区块链技术对机会主义行为的影响

区块链通过自动化验证并执行交易，可以减轻人类行为和传统治理机制的局限性带来的风险（Williamson，1979），甚至有助于从源头上降低人性中潜在的机会主义行为，并为企业网络参与者之间的合约执行提供最佳治理框架，确保交易得到准时有效的验证和执行。作为一个以技术为中心的系统，区块链可以通过引导参与者按照约定的方式来行动从而减少机会主义行为发生的可能性（Lumineau et al.，2021）。交易的自动可执行与区块链共识验证的优点相结合，可以实现记录的不可改变，防止单方面的人为篡改。因此，在依靠代码自动运行的区块链系统中，组织几乎没有实施机会主义行为的机会与动机。此外，共识算法确保组织间交易按预期进行验证和处理，分布式和加密数据设计，确保数据对链内组织保持不变和透明，而且很容易被追踪。因此，事后的机会主义行为更容易被发现。

此外，智能合约实现了网络业务流程的常规化，增加了交易的确定性。除实现交易的自动执行与协调外，通过交易的参数化与合约的强制执行可以最大限度地减少双方之间信息不对称的发生，并降低双方决策中有限理性存在的可能性，从而减少机会主义行为（Schmidt & Wagner，2019）。同时，智能合约可以降低契约和关系治理实施的模糊性（Chang et al.，2020），减少了交易成员之间信息扭曲和作弊行为。因此，基于上述分析，提出以下假设：

假设1a：区块链技术的分布式共识特性对企业网络内的机会主义行为具有抑制作用。

假设1b：区块链技术的自动可执行特性对企业网络内的机会主义行为具有抑制作用。

5.1.2 治理机制对机会主义行为的影响

根据 Jap 和 Ganesan（2000）的说法，治理机制是为建立和构建交换关系而采取的措施和手段。植根于交易成本理论和关系交换理论的治理机制已被确定为管理利益相关者关系的主要方式（Wang et al.，2019），并通过两种类型的治理机制（如契约治理和关系治理）发挥作用，这些机制决定了组织间行为的结构程序，以抑制机会主义从而促进组织间关系（Wacker et al.，2016）。机会主义治理对于信息共享、决策和业务流程至关重要。不同的学者认为，不同的情况需要不同的治理机制。

契约治理协议通过详细的具有约束力的合同条款，有效地规范组织行为，从而有利于发展组织间关系与提高绩效（Yang et al.，2017）。特别是规定对机会主义行为的惩罚，使违反协议需要向网络中其他组织支付高额违约成本。因此，在高度的契约控制下，解决冲突的明确裁决条款与违反契约条款的惩戒规则，如对延误的处罚或违约赔偿（Woolthuis et al.，2005），可以快速地解决组织间冲突，并通过相关法律和经济惩戒来威慑机会主义行为。此时，网络内组织实施自私自利、投机取巧的行为将是不利的（高孟立，2018）；由于在有限理性组织间无法获得执行过程中所需的完整信息，因此，可设定在合作后期阶段可能出现的意外事件的相关原则或指南，并通过契约明确规定哪些行为是允许的、哪些行为是不允许的。随着外部环境与行为的不断变化，可适时调整契约，并对组织间行为准则进行完善与补充。此时，在合同适应强的情况下，组织间行为被显性化与透明化，从而降低监测成本。可以通过设定具体条款，为组织之间的信息和知识共享确立正式的例行程序，从而加强组织间的信息流动（彭珍珍等，2020）。高度的合同协调增强了组织间的信息流通，有助于减少信息不对称所引发的机会主义行为。此外，合同协调可以通过解决信息困境、抑制网络内具备信息优势的组织获取额外利益的机会主义行为，从而加强组织间合作（Cao & Lumineau，2015）。因此，基于上述分析，本章认为，企业网络中契约治理的使用会对机会主义行为产生影响，故提出以下假设：

假设 2a：契约治理对组织间机会主义行为起到抑制作用。

部分研究使用了更多的社会学观点，并突出社会手段对组织间机会主义行为治理的重要性。组织之间的紧密联系和关系规范为防范机会主义行为提供了保障（You et al.，2018）。社会学观点认为，关系治理通过规范、共同价值观和信任，减少网络内信息不对称，强化了网络内的合作（Liu et al.，2017）。特别是强调流动性、信息交换和团结等的关系规范通过促进组织间战略信息和敏感技术知识的转移，可以起到防止合作伙伴实施机会主义行为和危险行为的作用。关系治理使合作伙伴可以自由地重新谈判、修改合作条款，从而达到减少机会主义行为并促进合作的目的。合作方都提供相关、准确、全面、及时的信息和建议来解决遇到的问题，此时，合作伙伴将不存在相互误解的行为和意图，也就是说，问题和分歧更容易得到解决。联合规划是合作伙伴共同制订计划和行动方案的过程。越高程度的联合规划意味着网络内组织对目标、职责和未来意外事件规划的努力程度越高（Zhou et al.，2015），详细且具体的规划将合作伙伴的权利、义务以及合作程序和规则等变成文字，从而对组织行为形成约束（Luo，2006）。同时，联合规划通过确定具体事项，降低了合作过程的不确定性和组织感知风险，确保合作伙伴对网络活动和目标的理解，强化合作信心，并为合作伙伴提供激励措施，使其以预期的行为行事（冯华和李君翊，2019）。因此，为了减少机会主义行为，网络应该尝试强化关系治理。基于上述分析，本章认为企业网络中关系治理的使用会对机会主义行为产生影响，故提出以下假设：

假设 2b：关系治理与机会主义行为之间存在负相关关系。

5.1.3　区块链技术与治理机制的交互效应

已有研究表明，区块链技术与治理机制具有互补性与替代性。替代作用意味着一种机制的作用随着另一种机制水平的提高而降低，而互补作用意味着一种机制的作用随着另一种机制水平的提高而提高。互补性观点认为，区块链技术和治理机制是互补的（Lumineau et al.，2021；贾军和薛春辉，2022）。然而，另一种观点认为，由于区块链技术与治理机制的性质不同，二者的联合使用在治理组织间关系方面效果较差（Petersen，2022）。在本书中，我们研究了区块链技术如何与关系治理，契约治理相互作用，以最大限度地遏制企业网络内机会主义行为。

5.1.3.1　区块链技术与契约治理的替代作用

经济学和社会学领域的研究通常将区块链技术和正式契约视为替代品，即一种治理手段（尤其是区块链技术）的存在消除了对另一种手段的需要。区块链技术通过分布式共识与自动可执行的基本特征改变组织间关系，保证信息流通，从而降低搜索信息的成本，以此达到交易成本降低的效果（Chen et al.，2022）。因此，Petersen（2022）认为，自动验证和执行协议的区块链技术"取代"了正式契约特有的控制手段。这种替代背后的理论原因解释了区块链技术发挥契约控制与协调功能的重要性，区块链技术可以最大限度地抑制机会主义行为。

首先，明确规定组织间责任与权利对于合作的顺利进行至关重要。与契约治理不同，区块链技术要求合作伙伴在事前就明确地指定合作任务，并将必要的协议编码上链（Davidson et al.，2018），为各方的责任与权利提供了清晰的划分。自动可执行实现了合作伙伴间合作流程的常规化，减少了人为差错（Williamson，2007），增加了合作的确定性，最大限度地降低机会主义风险（Lumineau et al.，2021）。

其次，在解决组织间争议冲突方面，与契约治理相比，区块链技术的分散共识将提供安全透明的分散式数据库，使组织间链上行为和信息形成永久性不可变的历史记录（Davidson et al.，2018），可追溯的行为和数据检测将对机会主义行为进行起到威慑作用（Schmidt & Wagner，2019）。此外，区块链允许企业网络实时监控组织间关系，并通过自动化协议惩罚不当行为和违规行为（贾军和薛春辉，2022），取代合同监控机制（Lacity et al.，2019）。通过责任与权利的明确、惩罚和裁决条款的自主执行、违约行为的检测，可以帮助控制合作伙伴的行为，从而保护组织的专用性投资，有效遏制机会主义行为。

最后，区块链技术通过发挥协调功能来最大限度地抑制机会主义行为。书面合同的履约和执行存在极大的不确定性，且组织间的信息交流无法得到及时的监控。而在区块链中，共享数据必须由多个独立的实体进行验证，极大地提高了数据的完整性和可靠性，并通过时间戳和非对称加密保证数据的不可篡改性和追溯性，使事后机会主义行为更容易被发现。因此，鉴于区块链的各种优势，契约的协调职能可由区块链替代（Chen et al.，2022；Oliveira & Lumineau，2019）。

基于上述讨论和理论考察，本章认为，区块链技术和契约治理之间可能存在竞争和对抗效应，在抑制机会主义行为方面具有替代作用。因此，提出了以下假设：

假设 3a：区块链技术的分布式共识和契约治理在抑制机会主义行为方面存在替代效应。

假设 3b：区块链技术的自动可执行和契约治理在抑制机会主义行为方面存在替代效应。

5.1.3.2　区块链技术与关系治理的互动作用

将区块链技术和契约治理视为替代品的观点令人信服，将区块链技术和关系治理视为互补品的理由似乎同样令人信服。在环境不确定和行为不确定的背景下，区块链技术和关系治理的结合可能会产生更好的效果（Devine et al.，2021）可以激发组织间合作交流的信心，有效抑制合作伙伴的机会主义行为（Yang et al.，2022）。

首先，区块链技术的分布式共识保证组织间信息的透明可见性，帮助网络通过实时访问组织数据，更好地观察、评估和监控网络内组织行为，从而减少组织的机会主义行为。这在一定程度上有利于减少组织间合作的不确定性和信息不对称性。然而，可能有某些类型的机会主义无法被区块链技术所捕捉，如"阳奉阴违"行为（张慧等，2020），因此关系治理也很重要。关系治理中的关系规范具有约束不同类型机会主义的能力（Liu et al.，2009；Wang et al.，2021），可以补充区块链技术的有限作用。换句话说，关系治理和区块链技术在抑制机会主义方面具有互补的效果（Yang et al.，2022）。

其次，在数字时代，网络组织可能不得不处理大量复杂的数据，并可能在数据处理、吸收和利用方面面临着巨大压力。换句话说，网络内组织可能无法有效地响应区块链技术赋予网络透明可见性所生成的大量分布式共享数据。因此，如果网络内组织间不重视彼此的关系，那么区块链技术所带来的信息透明可见性可能不会发挥有效作用。而关系治理可以避免这种情况，并激励组织充分利用区块链内经过验证的相关信息和数据（Wang et al.，2021）。特别是可以通过共同解决问题，联合解决在处理大数据方面出现的问题与困境，提升组织间信息处理能力，这将有利于组织合作关系的持续与稳定（Pan et al.，2020）。因此，通过共同处理和使用通过区块链分布式共识所获得的数据，能够促进各方相互理解，进一步降低机会主义的风险。

最后，作为一个不可变的分布式账本，区块链在本质上网络成员并不互信的环境中提供了一条通往协同合作的途径（Kumar et al.，2020）。特别是将企业和利益相关者之前建立的关系连接转变为区块链连接，可以使企业与合作伙伴的联系更加紧密（Pan et al.，2020）。因此，区块链将以合作者或第三方中介为中心的信任形式转变为以技术为导向的信任形式（Beck et al.，2018）。然而，组织间信任可以如此轻易建立的假设在网络组织研究中并没有得到充分的检验，区块链不能取代组织间信任。但是，区块链技术通过提供经过验证的数据和自动可执行的协议，减少了信息不对称，提高了信息的准确性、及时性和完整性，可以促进整个网络的信任建立与增强（Brookbanks & Parry，2022；Chen et al.，2022）。此外，组织加入区块链联盟本身就提供了一个可信的保证，有效地向合作方传达声誉良好的信号，增强组织间的合作信心。因此，将区块链作为组织间进一步沟通和信息交流的基础，有利于关系治理的发展与完善（Keller et al.，2021）。因此，区块链技术作为前沿的数字技术和安全机制，可加强非正式的关系治理（Pan et al.，2020；Wan et al.，2022），以抑制企业合作中的机会主义行为。

基于上述讨论和理论考察，本章认为，区块链技术与关系治理在抑制机会主义行为方面具有互补作用。因此，提出了以下假设：

假设4a：分布式共识和关系治理在抑制机会主义行为方面起到互补作用。

假设4b：自动可执行和关系治理在抑制机会主义行为方面起到互补作用。

5.1.3.3 区块链技术和治理机制的相对重要性

由于我们假设了区块链技术与治理机制之间的相互作用，为了最大限度地抑制机会主义行为，我们进一步预测，区块链技术在抑制机会主义行为方面比治理机制更有效（Yang et al.，2017）。Reusen 和 Stouthuysen（2020）将区块链技术置于组织间关系情境下，发现定期监控区块链记录，将增加机会主义行为被检测和制裁的可能性。此外，以分散方式验证的可靠记录为整个企业网络（Reusen &

Stouthuysen，2020）的合作伙伴提供了强有力的善意信号。类似地，加入区块链网络意味着组织接受预定义的治理规则（Lumineau et al.，2021）。记录的可靠性、自动执行灵活协议以及组织间交互的更易观察性所形成的综合效应将对潜在机会主义行为者起到事前威慑、事中监控、事后惩戒的效果。相反，契约治理监督和执行烦琐且昂贵，并且存在契约不完备性的困扰；而关系治理难以构建与维护，耗时且维护成本高昂，并且在运行上不完善（Petersen，2022），契约治理和关系治理本身并不能在紧急情况下提供灵活且正式的框架和明确的执行。因此，组织间的机会主义行为仍不能够被遏制。基于上述原因，本章假设：

假设5：在抑制机会主义行为方面，区块链技术比治理机制更有效。

5.1.4 基于区块链技术的机会主义行为治理理论模型构建

通过上述理论推演，本章认为，区块链技术和治理机制是影响机会主义行为治理的关键变量。一方面，区块链技术的两个维度——分布式共识和自动可执行可以影响机会主义行为；另一方面，治理机制的两个方面——关系治理和契约治理可以影响机会主义行为。另外，进一步分析区块链技术、关系治理和契约治理之间的替代互补关系，并在此基础上比较区块链技术和治理机制对机会主义行为的相对重要性。因此，依据上述假设构建本章的理论模型（见图5-1），并对研究假设进行汇总（见表5-1）。

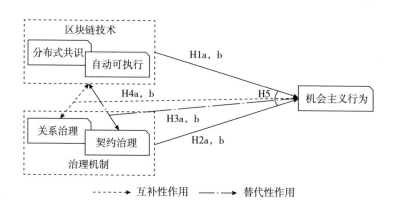

图5-1 基于区块链技术的机会主义行为治理研究理论模型

表 5-1　研究假设汇总

假设序号	内容
H1a	区块链技术的分布式共识特性对企业网络内的机会主义行为具有抑制作用
H1b	区块链技术的自动可执行特性对企业网络内的机会主义行为具有抑制作用
H2a	契约治理对组织间机会主义行为起到抑制作用
H2b	关系治理与机会主义行为之间存在负相关关系
H3a	区块链技术的分布式共识和契约治理在抑制机会主义行为方面存在替代效应
H3b	区块链技术的自动可执行和契约治理在抑制机会主义行为方面存在替代效应
H4a	分布式共识和关系治理在抑制机会主义行为方面起到互补作用
H4b	自动可执行和关系治理在抑制机会主义行为方面起到互补作用
H5	在抑制机会主义行为方面，区块链技术比治理机制更有效

5.2　研究设计

本章基于实证研究的程序规范，严格遵循从研究设计、共同方法偏差检验到信度效度检验，再到实证结果与讨论的步骤。对上述理论模型的假设检验主要分为三个部分：①直接效应检验：自变量（区块链技术的分布式共识、自动可执行和治理机制）对因变量（机会主义行为）影响的实证研究。②交互效应检验：自变量（区块链技术的分布式共识、自动可执行与治理机制中的契约治理和关系治理）两两之间对机会主义行为影响的交互效应检验。③相对重要性检验：区块链技术和治理机制对机会主义行为影响的相对重要性实证研究。鉴于本章涉及的变量多为潜变量，不容易通过二手数据进行测量，因此，选择通过问卷调查收集一手数据以对本章涉及的变量进行准确衡量。

5.2.1　问卷设计与变量测量

5.2.1.1　问卷设计

本章的问卷设计以参考国内外经典文献中的变量测量题项为基础，并结合实践与专家意见对其进行调整。整个问卷包括问卷说明和填答内容两部分，问卷说明主要告知受访者本问卷的背景、目的、意义以及匿名性保证，提高受访者对问卷的理解程度和答题意愿度。问卷的填答内容的题型主要有填空题、选择题以及量表题，涵盖企业基本信息、受访者信息以及理论模型中涉及的变量。

问卷中题项的设计包括三个主要步骤。首先，构建本章模型所涉及变量的问卷量表题项数据库。在资料收集过程中，主要通过对国内外高级别期刊中引用率较高的文献所涉及的相关变量量表进行收集，以形成较为完备的变量测量量表。对量表题项进行筛选，选择与本章主题、研究背景、研究目标密切相关的题项，进而整理分析出有关"分布式共识""自动可执行""契约治理""关系治理""机会主义行为"的初级量表数据库。

其次，把量表术语通俗化和情境化。鉴于本章收集到的大多数量表来自国外文献，尤其是区块链技术的测量量表，绝大多数来自国外高级别期刊。因此，为保证研究的准确性，要在量表回译的基础上，对量表术语进行反复斟酌与完善。具体为：①针对收集到的英文量表选择回译程序，借助翻译软件形成初步译文，并邀请两名专业英语翻译人员进行翻译，对比两版译文，完成英译汉的工作。②对英文文献中的量表译文与中文文献中的量表进行对照，从而保证量表的一致性。③调整问卷的逻辑顺序，从样本基本信息到机会主义行为，区块链技术、契约治理、关系治理再到资产专用性、组织间依赖性、环境不确定性，使问卷逻辑与本章的研究逻辑线条相一致，形成初始调查问卷。

最后，在研究团队内对初始调查问卷进行探讨与修正。由团队内老师和博士生同学对问卷设计逻辑、量表维度设计、题项语言表达等进行修正与完善，从而保证整个问卷的逻辑性和可读性。在此基础上，以小范围发放问卷进行预测试，获得预测试样本 30 个，在考虑样本反馈意见的基础上，对问卷的信度效度、变量相关性进行测试，从而对问卷进行完善，形成最终的调查问卷。

5.2.1.2　变量测量

通过前文的概念模型得到本章需要测量的变量为机会主义行为、区块链技术、契约治理、关系治理。本章采用李克特（Likert）七级量表评分法对变量进行测量，其中，各变量测量的题项分值限定为 1~7，其中 1 代表非常不同意，2 代表不同意，3 代表较不同意，4 代表中立，5 代表较为同意，6 代表同意，7 代表非常同意。本章在借鉴国内外成熟测量量表的基础上，结合研究主题与情境对变量量表进行构建。而后在前期案例调研和初步数据分析（预调研）基础上，结合本章的研究情境对量表进行修订，并形成最终问卷，从而保证了问卷内容的可靠度和有效性，并使问卷易于被填答者所理解，以提高问卷的有效回收率。

机会主义行为。机会主义行为反映了合作伙伴实施明确禁止的行为或公然违反合同以及未能履行隐含关系规范的程度。例如，合作伙伴推卸责任，只顾短期个人利益而不考虑合作方的利益。大多数研究从隐瞒或歪曲信息、不履行合同与承诺、逃避义务等方面对机会主义行为进行测度。一部分研究从强机会主义行为、弱机会主义行为（Luo et al.，2015；尹贻林等，2022），隐性机会主义行为、显性机会主义行为（李靖华，2020）两个维度对机会主义行为进行测量。本章并不区分机会主义行为的强度与表现形式，借鉴 Luo 等（2015）、You 等（2018）、尹贻林等（2022）、李靖华等（2020）对机会主义行为的测量量表，使用 7 个题项来测量机会主义行为，具体如表 5-2 所示。

表 5-2　机会主义行为测量题项

测量变量	题项编号	题项内容	参考文献
机会主义行为	OPP1	网络中企业为了自身利益而篡改事实	Luo 等（2015）；尹贻林等（2022）；李靖华等（2020）
	OPP2	网络中企业为了自身的利益而违反了正式或非正式协议（口头约定等）	
	OPP3	网络内企业利用合约中的"漏洞"来牟取私利	
	OPP4	网络内企业为了维护自身利益，经常隐藏一些重要信息，即使与合同约定相违背	
	OPP5	网络中企业会试图为了自身利益而重新谈判	
	OPP6	网络中企业有承诺但是并没有履行	
	OPP7	网络内企业经常逃避合同规定的违约责任	

区块链技术。区块链本质上是多种技术的组合，具备多样的技术特性。基于对区块链技术的不同理解，学者从多种角度对区块链技术进行测量。Lee 等（2014）从信息透明度、信息不变性和智能合约角度对区块链技术的期望性能进行测度。Khan 等（2021）、Masudin（2021）、Akhavan 和 Namvar（2022）、Kusi-Sarpong 等（2022）沿用了这一量表来分析应用区块链后的网络特性，如透明度、不可变性、去中心化、可追溯性。而一部分学者，如 Shin（2019）、Falcone 等（2021）、Chen 等（2022）从分布式账本、共识机制、智能合约三个方面对区块链技术进行了测度。本章主要研究区块链技术特征对网络所产生的影响，聚焦于区块链本身的技术特征属性。因此，本章主要借鉴 Hughes 等（2019）、Chen 等

（2022）等对区块链技术特征的测量，从分布式共识、自动可执行两个维度对区块链技术进行测量，并结合本章研究的特点进行适当修改和完善，分别用 7 个题项和 6 个题项表征分布式共识和自动可执行，以此来测度区块链技术（见表 5-3）。

表 5-3 区块链技术测量题项

测量变量	维度	题项编号	题项内容	参考文献
区块链技术	分布式共识	BCT1	网络经常使用分布式账本技术来保证数据的完整性、透明性、可用性和不可变性	Hughes 等（2019）；Dubey 等（2022）；Khan 等（2021）
		BCT2	网络经常使用分布式账本技术作为数据平台以追踪信息的来源、使用和目的	
		BCT3	网络中产生的信息存储按照时间顺序排列	
		BCT4	网络内的信息可以在多个企业的数据存储中得到	
		BCT5	网络内的所有信息，包括数据、知识、订单等都需要经过网络成员的验证	
		BCT6	网络中任何共享的信息都是不可变的，任何企业无法私自更改或者删除信息	
		BCT7	企业之间可以直接合作沟通，而无须第三方牵线	
	自动可执行	BCSC1	企业之间的合同执行经常使用自动执行合同的智能合约	Badi 等（2021）；Lee 等（2014）
		BCSC2	通过使用智能合约减少了合作伙伴之间的纠纷与冲突	
		BCSC3	自动执行合同的智能合约不但消除了交易中的人为判断，而且遵循事先确定的条件，包括与合作伙伴商定的规则和处罚	
		BCSC4	网络中智能合约能提供安全的信息分析和处理	
		BCSC5	网络考虑使用自动执行合同来取代目前企业之间的纸质合同	
		BCSC6	通过自动执行合同减少了合作伙伴完成复杂交易所需的时间	

契约治理。契约治理指的是使用详细的、正式的和具有法律约束力的协议，明确阐明权利、责任和参与规则（Osmonbekov et al., 2016）。Zhang 等（2016）、You 等（2018）、吴晓波等（2022）等从契约的制定、控制两个维度对

契约治理进行测量。本章借鉴以上学者针对契约治理所开发的成熟量表，从契约的制定、执行、控制等5个方面进行测度，具体如表5-4所示。

表5-4　契约治理测量题项

测量变量	题项编号	题项内容	参考文献
契约治理	CG1	网络中企业之间通过正式的协议，详细界定各方的义务和权利	Osmonbekov 等（2016）；吴晓波等（2022）
	CG2	企业之间的合同详细而清晰地描述了其执行条款及双方的法律责任	
	CG3	网络中企业之间关系主要受书面合同和协议的约束	
	CG4	网络内企业都能按照契约规定履行相应的职责和承诺	
	CG5	企业之间严格按照契约中的条款解决合作中的冲突与分歧	

关系治理。关系治理主要指通过非正式的方式，如关系规范等实现控制。Zhou 和 Poppo（2010）、Gaur 等（2011）从关系规范、共同解决问题、共同计划3个维度对关系治理进行衡量。国内学者在此基础从共同解决问题、共同计划两个维度对关系治理进行测度（庄贵军和董滨，2020）。吴晓波等（2022）在 Zhou 和 Poppo（2010）量表基础上进行修改，对数字情境下的关系治理进行衡量。因此，本章在以上学者的研究基础上，从关系规范、共同解决问题、共同计划3个维度（5个题项）对关系治理进行度量，具体如表5-5所示。

表5-5　关系治理测量题项

测量变量	题项编号	题项内容	参考文献
关系治理	RG1	网络中企业之间有充分的交流，关系比较密切	Zhou 和 Poppo（2010）；Gaur 等（2011）；庄贵军和董滨（2020）
	RG2	网络中企业之间彼此信任对方会履行承诺	
	RG3	网络中企业之间的信息交流经常是非正式的，而不只是根据事先签订的正式协议进行	
	RG4	网络中企业通过讨论共同做出了许多决策	
	RG5	网络内企业共同解决关系中出现的问题	

控制变量。本章还有三个额外变量作为控制变量，包括资产专用性（Liu et al.，2009）、组织间依赖性（Liu et al.，2014）和环境不确定性（You et al.，

2018）作为控制变量，因为它们可能对研究结果产生潜在影响。首先是资产专用性。先前的研究表明，资产专用性会影响治理选择与机会主义行为（Wu et al.，2017），其由改编自 Liu 等（2014）的三个题项来衡量。其次是组织间依赖性。对组织的更大依赖性会影响企业对其行为的容忍度，它将由一个项目来衡量——"网络内组织间的依赖是不对称的"（Liu et al.，2014）。最后是环境不确定性。环境不确定性可以放大合作的阴暗面，滋养机会主义行为（You et al.，2018），它将由一个项目来衡量——"企业网络的外部环境（如经济、法律和自然条件）是不稳定的"（You et al.，2018），具体如表 5-6 所示。

表 5-6　控制变量的测量题项

控制变量	题项编号	题项内容	参考文献
资产专用性	AS1	网络内企业在维持组织间合作方面进行了大量投资	Liu 等（2009）；Liu 等（2014）
	AS2	网络内企业若在合作期间更换合作伙伴，该企业将失去原有的投资	
	AS3	网络内企业若停止合作，该企业将损失与网络内的关系投资	
组织间依赖性	DS	网络内企业之间的依赖是不对称的	Liu 等（2014）
环境不确定性	IE	企业网络的外部环境（如经济、法律和自然条件）是不稳定的	You 等（2018）

5.2.2　问卷发放与数据收集

一般认为，信息技术产业、传统制造业、金融业等行业的市场竞争程度激烈、数字化转型需求大、数字技术含量高，因此，这些行业中的企业往往更倾向于采用先进的技术以支撑组织间合作，对其的研究十分具有代表性。

5.2.2.1　问卷发放

本次调查问卷发放对象主要为采用区块链技术的企业网络中的合作企业，将产业性质限定为信息技术产业、制造业（包括医疗制造、电子制造、供应链加工制造等）、金融业三类，并设置其他选项对本章限定的产业性质进行补充。问卷发放主要通过三种渠道进行：①委托长沙冉星信息科技有限公司（以下简称"问卷星"）代为发放电子问卷，并对样本要求进行限定，即限定发放的行业对象为信息技术产业、制造业、金融业，且受访者职位为企业的管理层人员和技术研发人员，以保证受访者了解本企业所在网络中的技术动态和管理决策。②在进行企业实地调研的现场发放纸质问卷。③通过网络公开资料对符合本章研究要求的企业网络进行锚定，从而在企业官网搜寻其邮箱，说明其研究目的、意图，并发放电子调查问卷。因此，本章在调查问卷收集过程中，主要采用电子版问卷调查和纸质版问卷调查相结合的方式，发放时间为 2022 年 7~11 月，共收回 359 份问卷。

5.2.2.2　问卷筛选与样本描述

对回收的问卷进行预处理和有效筛选。第一，对企业名称不明晰的样本予以剔除。将企业名称缩写为首字母、无法识别该企业的样本予以删除，并通过企业名称定位其企业地址并与样本填写 IP 地址进行匹配，若不一致，则予以剔除。第二，通过网上公开数据库对回收的样本数据进行二次核查，包括企业性质、行业性质和企业年龄等，删除与问卷内容不一致的样本，并通过企业官网和网络信息核查该企业是否采纳区块链技术，对不符合研究要求的样本予以剔除。第三，对异常问卷进行筛查并予以剔除。例如，对被访者问卷填写时长进行筛选，对时间过短或过长的问卷进行删除，并对答案具有明显统一倾向和一定规律的不可靠问卷予以剔除。经过有效筛选后得到 270 份有效样本，问卷的有效率为 75%。

根据样本量计算公式 $n \geqslant 50r^2 - 450r + 1100$，$r$ 为题项数量与潜变量的比率，n 为样本规模（Huang et al.，2022）。在本章研究中，样本规模至少为 180，而本次回收的有效样本数为 270 个，远远超过了建议的标准。对回收的 270 份有效问卷进行分析，样本数据涵盖全国 23 个省、4 个直辖区以及 5 个自治区，样本来源广泛而全面。在 270 名受访者中，女性占 53.04%，略高于男性的比例（46.96%）。受访者在企业中所处的职位大多为中层管理人员（39.25%），其次为基层管理者（33.70%），技术研发人员比例（14.83%）略高于高层管理者比例（10.47%）。参与调查的企业所处的行业涉及信息技术服务业、金融业、制造业，保证了样本来源的多样性。从表 5-7 可以看出，参与调查的企业主要集中在制造业、信息技术服务业这两个产业。关于企业性质，大多为民营企业且多为存续 6~10 年的中型企业（48.52%）。

表 5-7　样本统计资料（N=270）

样本特征	特征分布	数量（人）	百分比（%）
受访者性别	男	125	46.96
	女	145	53.04

续表

样本特征	特征分布	数量（人）	百分比（%）
受访者职位	技术研发人员	40	14.83
	基层管理人员	91	33.70
	中层管理人员	106	39.25
	高层管理人员	28	10.47
	其他	5	1.75
行业类型	制造业	167	61.85
	金融业	14	5.18
	信息技术服务业	76	28.15
	其他	13	4.82
企业性质	国有及国有控股企业	51	18.89
	民营企业	192	71.11
	中外合资	11	4.07
	外资企业	16	5.93
企业年限	≤5 年	14	5.19
	6~10 年	98	36.30
	11~20 年	92	34.10
	>20 年	66	24.41
企业规模	大型企业	60	22.22
	中型企业	131	48.52
	小型企业	72	26.67
	微型企业	7	2.59

5.2.3　描述性统计分析

样本描述性统计分析如表 5-8 所示。可以看出，变量题项的标准差大多小于 1.5，方差数值绝大多数在 2 以下，表明样本数据的分散程度较小。另外，峰度和偏度数值表明，本章的样本数据不符合正态分布。因此，本章采用 PLS-SEM 进行实证分析。

表 5-8 描述性统计分析

变量	题项	均值	标准差	方差	偏度		峰度	
					统计	标准误	统计	标准误
机会主义行为	OPP1	3.11	1.473	2.171	0.776	0.148	0.053	0.295
	OPP2	3.07	1.514	2.293	0.786	0.148	-0.284	0.295
	OPP3	3.12	1.510	2.279	0.823	0.148	0.147	0.295
	OPP4	3.19	1.385	1.918	0.530	0.148	-0.429	0.295
	OPP5	3.29	1.395	1.946	0.516	0.148	-0.534	0.295
	OPP6	3.29	1.410	1.989	0.653	0.148	-0.197	0.295
	OPP7	3.29	1.471	2.163	0.480	0.148	-0.474	0.295
分布共识	BCT1	4.68	1.167	1.363	-0.572	0.148	-0.278	0.295
	BCT2	4.51	1.237	1.530	-0.430	0.148	-0.190	0.295
	BCT3	4.63	1.227	1.505	-0.467	0.148	-0.272	0.295
	BCT4	4.49	1.240	1.537	-0.555	0.148	-0.161	0.295
	BCT5	4.49	1.258	1.582	-0.282	0.148	-0.306	0.295
	BCT6	4.54	1.269	1.610	-0.447	0.148	-0.519	0.295
	BCT7	4.51	1.315	1.730	-0.452	0.148	-0.358	0.295
自动可执行	BCSC1	4.82	1.344	1.807	-0.618	0.148	-0.129	0.295
	BCSC2	4.76	1.373	1.884	-0.330	0.148	-0.474	0.295
	BCSC3	4.79	1.352	1.827	-0.568	0.148	-0.277	0.295
	BCSC4	4.67	1.34	1.797	-0.404	0.148	-0.300	0.295
	BCSC5	4.59	1.343	1.804	-0.394	0.148	-0.556	0.295
	BCSC6	4.63	1.415	2.004	-0.512	0.148	-0.252	0.295
关系治理	RG1	4.59	1.338	1.789	-0.286	0.148	-1.074	0.295
	RG2	4.54	1.260	1.588	-0.309	0.148	-0.824	0.295
	RG3	4.55	1.274	1.624	-0.09	0.148	-0.702	0.295
	RG4	4.38	1.304	1.702	-0.108	0.148	-0.769	0.295
	RG5	4.43	1.291	1.667	-0.264	0.148	-0.658	0.295
契约治理	CG1	4.55	1.268	1.609	-0.233	0.148	-1.073	0.295
	CG2	4.4	1.206	1.454	-0.240	0.148	-0.661	0.295
	CG3	4.36	1.210	1.465	-0.022	0.148	-0.650	0.295
	CG4	4.39	1.243	1.546	-0.191	0.148	-0.587	0.295
	CG5	4.41	1.301	1.693	-0.339	0.148	-0.535	0.295

续表

变量	题项	均值	标准差	方差	偏度		峰度	
					统计	标准误	统计	标准误
资产专用性	AS1	4.30	1.067	1.139	−0.300	0.148	−0.483	0.295
	AS2	4.46	1.132	1.282	−0.036	0.148	−0.849	0.295
	AS3	4.51	1.086	1.180	−0.028	0.148	−0.627	0.295
组织间依赖性	DS	3.91	1.559	2.431	−0.029	0.148	−1.125	0.295
环境动态性	IE	366	1.577	2.487	0.29	0.148	−1.041	0.295

5.3　数据分析与假设检验

为了分析本章的模型，使用 SmartPLS4.0 软件利用非参数技术（偏最小二乘法，PLS）进行结构方程建模（SEM），原因如下：首先，本章验证了一个具有替代假设的探索性模型，即区块链技术和治理机制（直接影响和交互作用效应）能否抑制组织间机会主义行为。其次，PLS 能够测量潜在结构，特别适合测试相互作用效应。最后，PLS-SEM 模型不仅是处理小样本量时最合适的方法，而且还能够同时测量形成性和反射性模型。因此，当用于样本量有限的复杂模型时，它表现出比 CB-SEM 更高的统计功效（Hair et al.，2014）。此外，鉴于 PLS-SEM 建模不需要多变量正态数据，因此，在考虑本章数据样本与理论模型的情况下选择 PLS-SEM 来分析数据并验证假设。

但本章在测试模型时遵循了 Hair 等（2014）提出的建议，对估计模型进行了分析和解释，分为以下两个阶段：第一，测量模型的估计和可靠性；第二，评估结构模型。

5.3.1　共同方法偏差检验

MacKenzie 和 Podsakoff（2012）认为，共同方法偏差会影响研究的有效性及潜在结构之间的相关性。共同方法偏差指的是因同样的数据来源或评分主体、同样的测量环境以及问卷特征所造成的预测变量与效标变量关系的改变。因此，为了控制共同方差偏差可能产生的潜在影响，本章遵循事前和事后策略。

在事前研究设计阶段，首先，采用匿名测评，保证了受访者的匿名性和保密性。其次，合理设置问卷问题的顺序，对问卷题项进行合理排序，减少受访者对问卷目的的猜测。事前控制虽然能从根源上减少共同方法偏差的产生，但无法完全消除共同方法偏差。因此，需要在数据分析时采用统计的方法来进行检验和控制。由于共同方法偏差可能依赖于其他难以检测的来源，本章进行了事后检验与分析。

因此，在收集数据后，本章对问卷进行 Harman 单因素分析。具体而言，将本章概念模型所涉及的五个构念，即分布式共识、自动可执行、契约治理、关系型治理和机会主义行为的所有题项进行降维的因子分析，利用主成分分析法提取特征根大于 1 的因子，并观察第一个提取的因子载荷是否能够解释全部方差的 40% 以上，若大于 40%，则存在共同方法偏差。本章利用 SPSS26.0 对全部 30 个题项进行因子分析，结果显示（见表 5-9），最终提取了 5 个特征值大于 1 的因子，解释了总方差的 63.93%，且最大的因子仅占总方差的 32.80%，小于 40%，表明没有一个单一因子可以解释大部分总方差。由此，Harman 单因素分析说明，本章研究不存在严重的共同方法偏差。

表 5-9　总方差解释

成分	初始特征值			提取载荷平方和			旋转载荷平方和		
	总计	方差百分比（%）	累计（%）	总计	方差百分比（%）	累计（%）	总计	方差百分比（%）	累计（%）
1	12.46	32.80	32.80	12.46	32.80	32.80	5.79	15.24	15.24
2	2.46	16.39	49.19	3.77	16.39	49.19	3.98	10.47	25.71
3	2.04	3.63	58.19	1.38	11.00	58.19	2.66	7.01	50.29
4	1.38	3.35	61.54	1.27	3.35	61.54	2.6	6.84	57.13
5	1.27	2.39	63.93	0.91	2.39	63.925	2.58	6.79	63.93

5.3.2　测量模型检验

PLS-SEM 的评估标准包括指标信度、内部一致性（组成信度 CR、Cronbach's alpha）、收敛效度（AVE）、区别效度（Fornell-Larcker criterion 和 Cross-loading) 等，本章将对以上指标进行具体分析。

5.3.2.1　信度检验

信度是指测验结果的一致性和稳定性，以此来判断量表是否符合信度要求。本章采用内部一致性系数 Cronbach's α 检验问卷的信度情况，通过 SPSS 26.0 统计软件，对变量机会主义行为、分布式共识、自动可执行、契约治理、关系治理以及资产专用性进行信度分析，其结果如表 5-10 所示。本章问卷总量表的 Cronbach's α 系数为 0.777，表明变量间具有良好的一致性。机会主义行为、分布式共识、自动可执行、契约治理、关系治理和资产专用性的 Cronbach's α 系数依次为 0.948、0.914、0.895、0.780、0.771、0.759，删除各题项后的 α 系数均低于总 α 系数，且 CITC 值均大于标准值 0.5，表明本章的变量具有很好的内部一致性，可以进行下一步研究。

表 5-10　量表的信度分析

变量	题项	CITC	删除各题项后的 Cronbach's α 系数	Cronbach's α 系数
机会主义行为	OPP1	0.858	0.938	0.948
	OPP2	0.851	0.938	
	OPP3	0.806	0.942	
	OPP4	0.816	0.941	
	OPP5	0.809	0.942	
	OPP6	0.843	0.939	
	OPP7	0.801	0.943	
分布式共识	BCT1	0.725	0.903	0.914
	BCT2	0.716	0.904	
	BCT3	0.732	0.902	
	BCT4	0.752	0.900	
	BCT5	0.753	0.900	
	BCT6	0.756	0.900	
	BCT7	0.736	0.902	

续表

变量	题项	CITC	删除各题项后的 Cronbach's α 系数	Cronbach's α 系数
自动可执行	BCSC1	0.708	0.877	0.895
	BCSC2	0.709	0.877	
	BCSC3	0.749	0.871	
	BCSC4	0.681	0.882	
	BCSC5	0.722	0.875	
	BCSC6	0.731	0.874	
契约治理	CG1	0.534	0.747	0.780
	CG2	0.554	0.740	
	CG3	0.572	0.734	
	CG4	0.566	0.736	
	CG5	0.547	0.742	
关系治理	RG1	0.528	0.735	0.771
	RG2	0.542	0.730	
	RG3	0.525	0.735	
	RG4	0.582	0.716	
	RG5	0.536	0.732	
资产专用性	AS1	0.630	0.631	0.759
	AS2	0.594	0.671	
	AS3	0.544	0.726	

5.3.2.2 探索性因子分析

本章通过统计软件 SPSS26.0 对量表进行探索性因子分析。在进行因子分析前，对量表进行 KMO 和巴特利特球形检验。一般情况下的效度评定指标为：KMO>0.7 便可以做因子分析。因此，在此对本章量表的建构效度进行 KMO 和巴特利特球形检验（见表5-11），量表 KMO 值为 0.953，远大于 0.8。巴特利特球形检验值为 5215.523，自由度为 595，p<0.001，意味着问卷量表的效度很好，适合进行下一步的因子分析。

表 5-11 KMO 和巴特利特球形检验

KMO 取样适切性量数		0.953
巴特利特球形度检验	近似卡方	5215.523
	自由度	595
	显著性	0

5.3.2.3 验证性因子分析

验证性因子分析是对测量题项是否同变量契合的检验。载荷量较高，能够反映所属维度条件，才保留该问项，否则剔除该问项。测量题项的因子载荷量的评估阈值通常为 0.7，且所有的因素负荷量至少要达到统计显著性水平。对于因素负荷量较低或达不到统计显著性水平的题项，予以删除，尤其是负荷量低于 0.4 的题项最好删除（Hair et al.，2014）。另外，平均方差提取值（AVE）可以检验收敛效度和区别效度。AVE 的评估阈值为 0.5，若 AVE≥0.5，表示内部一致性较好。结合组合信度 CR 值和 AVE 及内容效度，最终判断删除与否。

表 5-12 显示了所有变量各题项的因子载荷、CR 以及 AVE。机会主义行为的所有题项的标准化因子载荷均大于 0.7；CR = 0.958，大于建议值 0.7；AVE = 0.765，大于建议值 0.5，表明机会主义行为量表具有良好的收敛效度。同样，分布式共识、自动可执行、契约治理和关系治理量表的各维度的因子载荷大于 0.7，且组合效度大于 0.7，平均方差提取值大于阈值 0.5，表明分布式共识、自动可执行、契约治理和关系治理具有良好的收敛效度。资产专用性量表也具有良好的收敛效度。

表 5-12 验证性因子分析

变量	题项	因子载荷	CR	AVE
OPP	OPP1	0.899	0.958	0.765
	OPP2	0.895		
	OPP3	0.857		
	OPP4	0.868		
	OPP5	0.863		
	OPP6	0.887		
	OPP7	0.852		

变量	题项	因子载荷	CR	AVE
BCT	BCT1	0.818	0.905	0.671
	BCT2	0.796		
	BCT3	0.812		
	BCT4	0.834		
	BCT5	0.827		
	BCT6	0.829		
	BCT7	0.824		
BCSC	BCSC1	0.802	0.891	0.655
	BCSC2	0.804		
	BCSC3	0.833		
	BCSC4	0.782		
	BCSC5	0.817		
	BCSC6	0.818		
CG	CG1	0.742	0.850	0.532
	CG2	0.725		
	CG3	0.737		
	CG4	0.721		
	CG5	0.720		
RG	RG1	0.717	0.860	0.551
	RG2	0.740		
	RG3	0.722		
	RG4	0.786		
	RG5	0.744		
AS	AS1	0.858	0.769	0.675
	AS2	0.824		
	AS3	0.781		

　　此外，对问卷量表进行区别效度的检验，区别效度是指某一变量与其他变量实际的差异程度。表 5-13 显示了变量间相关性系数和 AVE 的平方根。Fornell-Larcker 准则建议，若 AVE 的平方根在高于各变量之间的相关性系数，则可以确保区分效度。从表 5-13 可以看出，加粗部分的值高于变量间的相关系数，表明变量具有良好的区别效度。

表 5-13 相关性分析和 Fornell-Larcker 判别

变量	BCT	BCSC	CG	RG	AS	OPP
BCT	**0.819**					
BCSC	0.595 **	**0.809**				
CG	0.551 **	0.547 **	**0.729**			
RG	0.607 **	0.635 **	0.591 **	**0.711**		
AS	0.422 **	0.369 **	0.389 **	0.407 **	**0.742**	
OPP	−0.643 **	−0.642 **	−0.588 **	−0.595 **	−0.370 **	**0.875**

注：＊＊表示 p<0.05。

5.3.3 结构模型检验

5.3.3.1 直接效用检验

首先，构建直接效用模型检验区块链技术对机会主义行为的影响。直接效用模型包含自变量分布式共识、自动可执行和因变量机会主义行为以及控制变量资产专用性、组织间依赖性和环境不确定性。针对区块链技术与机会主义行为的直接效用模型，在 Smart PLS 软件中利用 Bootstrapping 执行 5000 次抽样进行检验，检验结果如表 5-14 所示。根据表 5-14，对变量间的路径系数进行直观判断。区块链技术的分布式共识对机会主义行为的作用路径系数为−0.358，标准差为 0.057，T 值为 6.294，远大于 1.96，p 值在 0.001 水平上达到显著。因此，区块链的分布式共识对机会主义行为具有显著的抑制作用，区块链技术的分布式共识特性对组织间机会主义行为具有明显的抑制作用，假设 1a 验证通过。同理，区块链技术的自动可执行对机会主义行为作用的路径系数为−0.349，且 p 值在 0.001 水平上达到显著，表明自动可执行对组织间机会主义具有抑制作用，假设 1b 得到验证。此外，控制变量组织间依赖性对机会主义行为的作用路径系数为 −0.142，T 值为 3.209，p<0.001，可以看出，组织间依赖性对机会主义行为具有显著的负向影响，表明当企业网络内组织之间的相互依赖程度较高时，产生的锁定效应与黏性效应会抑制企业的机会主义行为。而此时环境不确定性和资产专用性对机会主义行为作用的路径系数分别为 0.011 和−0.046，但二者均不显著，表明本章的控制变量选取合理。另外，区块链技术的直接路径模型的 R^2 为 0.526，表明区块链技术的分布式共识和自动可执行可以抑制 52.6% 的机会主义行为。

表 5-14　区块链技术的作用路径检验

假设	变量路径	路径系数	标准差	T 值	p 值	R^2
假设 1a	分布式共识→机会主义	-0.358	0.057	6.294	0.000	
假设 1b	自动可执行→机会主义	-0.349	0.071	4.942	0.000	
控制变量	组织间依赖性→机会主义	-0.142	0.044	3.209	0.001	0.526
	环境不确定性→机会主义	0.011	0.043	0.249	0.804	
	资产专用性→机会主义	-0.046	0.058	0.784	0.433	

其次，构建直接效用模型检验治理机制，即契约治理和关系治理对机会主义行为的影响。直接效用模型包含自变量契约治理、关系治理和因变量机会主义行为以及控制变量资产专用性、组织间依赖性和环境不确定性。针对契约治理、关系治理与机会主义行为的直接效用模型，在 SmartPLS 软件中利用 Bootstrapping 执行 5000 次抽样进行检验，检验结果如表 5-15 所示。根据表 5-15，对变量间的路径系数进行直观判断。契约治理对机会主义行为的作用路径系数为 -0.322，标准差为 0.055，T 值为 5.864，远大于 1.96，p 值在 0.001 水平上达到显著。由此可以判定，契约治理对机会主义行为具有显著的负向影响，契约治理对组织间机会主义行为具有明显的抑制作用，假设 2a 验证通过。同理，关系治理对机会主义行为作用的路径系数为 -0.309，且 p 值在 0.001 水平上达到显著，关系治理对组织间机会主义具有抑制作用，假设 2b 得到验证。此外，此模型的 R^2 为 0.473，表明区块链技术的分布式共识和自动可执行可以抑制 47.3% 的机会主义行为。

表 5-15　治理机制的作用路径检验

假设	变量路径	路径系数	标准差	T 值	p 值	R^2
假设 2a	契约治理→机会主义	-0.322	0.055	5.864	0.000	
假设 2b	关系治理→机会主义	-0.309	0.068	4.570	0.000	
控制变量	组织间依赖性→机会主义	0.152	0.051	2.966	0.003	0.473
	环境不确定性→机会主义	0.032	0.045	0.710	0.478	
	资产专用性→机会主义	-0.077	0.062	1.243	0.214	

最后，检验区块链技术、治理机制对机会主义行为的直接效用，模型包含自变量区块链技术的分布式共识、自动可执行、治理机制的契约治理和关系治理和因变量机会主义行为以及控制变量。在模型构建的基础上，利用 SmartPLS 软件中的 Bootstrapping，执行 5000 次抽样进行检验，检验结果如表 5-16 所示。根据

表5-16可对变量间的作用关系进行直观判断。区块链技术的分布式共识对机会主义行为作用的路径系数为-0.258，且T值为3.455，大于99.9%置信水平的T值，因此，其在99.9%的置信水平上可信。区块链技术的自动可执行对机会主义行为作用的路径系数为-0.264，且T值为4.574，故而在99.9%的置信水平上可信，假设H1a、H1b成立。此外，契约治理对机会主义行为作用的路径系数为-0.202，p<0.001；关系治理对机会主义行为作用的路径系数为-0.136，p=0.047。可以看出，契约治理和关系治理与机会主义行为之间存在显著的负相关关系，这些结果支持了假设H2a、H2b。从表5-16可以看出，区块链技术与治理机制共同作用于机会主义行为时，模型的R^2为0.575，大于区块链技术与治理机制各自的效用。由此可以看出，区块链技术的分布式共识、自动可执行、治理机制中的契约治理和关系治理，对遏制组织间机会主义行为的效果比单独使用任何一个措施的效果强。

表5-16　区块链技术和治理机制的作用路径检验

假设	变量路径	路径系数	标准差	T值	p值	R^2
假设1a	分布式共识→机会主义	-0.258	0.075	3.455	0.001	
假设1b	自动可执行→机会主义	-0.264	0.058	4.574	0.000	
假设2a	契约治理→机会主义	-0.202	0.049	4.096	0.000	
假设2b	关系治理→机会主义	-0.136	0.068	1.984	0.047	0.575
控制变量	组织间依赖性→机会主义	0.105	0.044	2.384	0.017	
	环境不确定性→机会主义	-0.028	0.038	0.748	0.454	
	资产专用性→机会主义	-0.011	0.057	0.194	0.846	

5.3.3.2　交互效应检验

本章假定区块链技术及治理机制对机会主义行为存在交互作用，因此需要采用交互效应分析。交互效应不同于调节效应，需要各个自变量与因变量之间存在直接的和显著的相关关系。本章假设不同的治理手段在对组织间机会主义的治理作用方面存在交互关系。因此，为了验证交互作用，运用SmartPLS进行交互效应检验。首先，对自变量进行均值中心化处理。其次，构建自变量之间的交互效应乘积项，将分布式共识、自动可执行分别与契约治理、关系治理相乘，即分布式共识×契约治理、自动可执行×契约治理、分布式共识×关系治理及自动可执行×关系治理。最后，判断自变量之间的交互效应是否存在，并通过方向系数判断变量之间的替代或者互补效应。已有的研究证实，负系数表示自变量之间为替代关系，正系数表示自变量之间为互补关系（Li et al.，2010；Liu et al.，2009；Poppo & Zenger，2002；Wang et al.，2011），检验结果如表 5-17 所示。

表 5-17　交互效应检验

假设	变量路径	路径系数	标准差	T 值	p 值	R^2
假设 1a	分布式共识→机会主义	-0.184	0.0483	2.227	0.026	
假设 1b	自动可执行→机会主义	-0.236	0.057	4.144	0.000	
假设 2a	契约治理→机会主义	-0.203	0.052	3.883	0.000	
假设 2b	关系治理→机会主义	-0.105	0.072	1.453	0.146	
假设 3a	分布式共识×契约治理→机会主义	0.067	0.066	1.016	0.310	
假设 3b	自动可执行×契约治理→机会主义	0.101	0.049	2.061	0.041	0.595
假设 4a	分布式共识×关系治理→机会主义	-0.122	0.055	2.219	0.029	
假设 4b	自动可执行×关系治理→机会主义	0.076	0.066	1.155	0.248	
控制变量	组织间依赖性→机会主义	0.093	0.043	2.137	0.033	
	环境不确定性→机会主义	-0.028	0.038	0.736	0.462	
	资产专用性→机会主义	-0.041	0.061	2.672	0.502	

表 5-17 表明，区块链技术的分布式共识和契约治理对机会主义行为的相互作用系数为 0.067，T 值为 1.016，p=0.310，可见分布式共识和契约治理之间的替代关系是不存在的。而自动可执行与契约治理对机会主义行为的相互作用系数为 0.101，T 值为 2.061，p<0.05，表明自动可执行和契约治理之间的相互作用是正向且显著的。结果表明，在区块链技术中，仅有自动可执行与契约治理在抑制机会主义行为方面存在替代作用，以上结果表明假设 H3a 没有通过检验，而假设 H3b 得到验证，即区块链技术的自动可执行和契约治理在抑制机会主义行为方面存在替代效应。区块链技术的分布式共识和关系治理对机会主义行为的相互作用系数为-0.122，T 值为 2.219，表明分布式共识和关系治理之间的相互作用是负向且显著的。而自动可执行与关系治理在解释机会主义行为时的相互作用系数为 0.076，T 值为 1.155，可见自动可执行和关系治理之间不存在互补协同作

用。结果表明，区块链技术的分布式共识和关系治理在抑制机会主义行为方面起到互补作用，而自动可执行与关系治理在抑制机会主义行为方面未起到互补协同效用，以上结果支持了假设 H4a，不支持假设 H4b。

5.3.3.3　区块链技术和治理机制的相对重要性

变量相对重要性指的是当同时考虑单独效应和偏效应时，每一个自变量对 R^2 的贡献比例的大小情况。以往研究大多采用相关系数、标准化回归系数等方法，但以上方法存在明显缺陷，因此本章借鉴 Liu 等（2009）、Shahzad 等（2018）的方法对区块链技术和治理机制在抑制机会主义行为方面的相对重要性进行检验。采用 R^2 增量法对自变量的相对重要性进行检验，ΔR^2 反映了自变量进入模型后因变量方差的增量，也即该自变量的独特贡献（朱训和顾昕，2023）。故而根据前文的模型结果可以得到区块链技术和治理机制的 ΔR^2。因此有：

$$\Delta R^2_{model3-model1} = R^2_{model3} - R^2_{model1} = 0.575 - 0.526 = 0.049$$

$$\Delta R^2_{model3-model2} = R^2_{model3} - R^2_{model2} = 0.575 - 0.473 = 0.102$$

其中，$\Delta R^2_{model3-model1}$ 表示治理机制的有效性，而 $\Delta R^2_{model3-model2}$ 表示区块链技术的有效性。由 $\Delta R^2_{model3-model1} < \Delta R^2_{model3-model2}$ 可得，区块链技术在抑制机会主义行为方面比治理机制更有效，此结果支持本章所提出的假设 H5，H5 通过检验。

此外，为了更进一步检验区块链技术和治理机制的相对能力，采用半偏相关性分析检验变量的独立影响（Liu et al.，2009），检验结果如表 5-18 所示。区块链技术对抑制机会主义行为的贡献等于分布式共识与自动可执行的贡献之和，即 0.386（0.200+0.186）；治理机制对抑制机会主义行为的贡献等于契约治理与关系治理的贡献之和，即 0.208（0.145+0.063）。该检验也证实了治理机制对机会主义行为的影响小于区块链技术。因此，H5 得到验证，表明区块链技术在治理机会主义行为方面的效用强于治理机制。

表 5-18　半偏相关性分析

变量		偏相关	半偏相关
区块链技术	分布式共识	−0.291	−0.200
	自动可执行	−0.272	−0.186
治理机制	契约治理	−0.272	−0.145
	关系治理	−0.104	−0.063

变量		偏相关	半偏相关
控制变量	组织间依赖性	0.137	0.091
	环境不确定性	−0.024	−0.016
	资产专用性	−0.013	−0.009

5.4 稳健性检验

5.4.1 直接效用的稳健性检验

通过层次回归方法对理论模型中的直接效用和交互效用进行稳健性检验。以机会主义行为为因变量，以分布式共识、自动可执行、契约治理和关系治理为自变量，采用 SPSS26.0 对以上实证结果进行稳健性检验。第一步：将组织间依赖性、环境不确定性、资产专用性三个控制变量纳入回归方程中，以检验控制变量对自变量的影响，记为 Model1。第二步，在控制了组织间依赖性、环境不确定性、资产专用性的前提下，将区块链技术的分布式共识和自动可执行纳入回归方程中，以检验区块链技术对机会主义行为的影响，记为 Model2。第三步，在Model1 的基础上将治理机制的契约治理和关系治理纳入回归方程中，检验治理机制对机会主义行为的影响。第四步，在 Model1 的基础上，将本章设计的四个自变量，即分布式共识、自动可执行、契约治理和关系治理全部纳入回归方程中，以检验区块链技术和治理机制对机会主义行为的影响，稳健性检验结果如表 5-19所示。

表 5-19 直接效用和交互效用的稳健性检验

变量	机会主义行为				
	Model 1	Model 2	Model 3	Model 4	Model 5
控制变量					
组织间依赖性	0.303 ***	0.136 **	0.153 **	0.106 *	0.085 *

续表

变量	机会主义行为				
	Model 1	Model 2	Model 3	Model 4	Model 5
控制变量					
环境不确定性	0.195 **	0.010	0.047	-0.018	-0.015
资产专用性	-0.225 ***	-0.044	-0.069	-0.010	-0.037
分布式共识		-0.360 ***		-0.280 ***	-0.218 **
自动可执行		-0.350 ***		-0.268 ***	-0.249 ***
契约治理			-0.314 ***	-0.195 ***	-0.205 ***
关系治理			-0.293 ***	-0.104 *	-0.078
交互作用					
分布式共识×契约治理					0.106
自动可执行×契约治理					0.134 *
分布式共识×关系治理					-0.230 **
自动可执行×关系治理					0.070
模型 F 值	35.410	60.822	46.389	48.940	34.747
R^2	0.277	0.527	0.458	0.555	0.580
ΔR^2		0.250	0.181	0.028	0.025

注：＊＊＊表示 $p<0.001$，＊＊表示 $p<0.05$，＊表示 $p<0.1$。

由表 5-19 可知，组织间依赖性、环境不确定性与机会主义行为呈正相关关系，分别在 0.001 和 0.01 水平上显著，而资产专用性与机会主义行为呈现显著的负相关关系。此外，分布式共识对机会主义行为的影响系数为 -0.360，$p<0.001$，表明分布式共识对机会主义行为具有显著的抑制作用。自动可执行对机会主义行为的影响系数为 -0.350，$p<0.001$，表明自动可执行对机会主义行为同样具有显著的抑制作用。Model 2 结果与前文结果保持一致，说明假设 H1a、H1b 得到验证。

契约治理对机会主义行为的影响系数为 -0.314，$p<0.001$，表明契约治理对机会主义行为具有显著的抑制作用。关系治理与机会主义行为的系数为 -0.293，$p<0.001$，说明关系治理对机会主义行为同样具有显著的抑制作用。Model 3 结果与前文结果保持了较好的一致性，表明契约治理和关系治理对机会主义行为具有抑制作用的结论具有较好的稳健性，即进一步验证了假设 H2a、H2b。

在此基础上，Model 4 将控制变量和所有自变量全部纳入一个模型中，检验

· 145 ·

区块链技术的分布式共识、自动可执行以及治理机制的契约治理和关系治理对机会主义行为的影响机制。由表 5-19 可以看出,区块链技术的分布式共识对机会主义行为的影响系数为-0.280,区块链技术的自动可执行对机会主义行为的影响系数为-0.268,且均在 0.001 水平上显著,由此假设 H1a、H1b 成立,该结果与前文结论保持一致。此外,契约治理对机会主义行为的影响系数为-0.195 且在 0.001 水平上显著,关系治理对机会主义行为的影响系数为-0.104,可以看出契约治理和关系治理对机会主义行为具有显著的抑制作用,该结论与前文结论保持一致。

4.4.2 交互效应的稳健性检验

同样采用层次回归方法对交互效应进行稳健性检验,检验结果见表 5-19 中的 Model 5 列。结果显示,区块链技术的分布式共识和契约治理的交互项对机会主义行为的影响系数为 0.106,p>0.1,可见分布式共识和契约治理之间的相互作用是正向的,但不显著。自动可执行与契约治理的交互项对机会主义行为的影响系数为 0.134,p<0.1,以上结果与前文结论保持一致,即区块链技术的分布式共识、自动可执行和契约治理在抑制机会主义行为方面起到替代作用。另外,区块链技术的分布式共识和关系治理交互项对机会主义行为的影响系数为-0.230,p<0.01,表明分布式共识和关系治理之间的相互作用是负向且显著的。而自动可执行与关系治理的交互项对机会主义行为的影响系数为 0.070,p>0.1,可见自动可执行和关系治理之间的相互作用是正向的,不显著。以上结果与前文结论保持一致,证实了区块链技术的分布式共识和关系治理在抑制机会主义行为方面起到互补作用,而自动可执行与关系治理在抑制机会主义行为方面不存在互补协同作用。稳健性检验结论与前文结论基本保持一致,表明本小节的交互效应检验具有较好的稳健性。

5.5 结果与讨论

组织间机会主义影响了企业网络的稳定,迫切需要有效的手段对其进行治理。企业网络可以采用不同的治理手段,如通过基于合同的正式治理或基于信任、规范的关系治理以及技术手段对机会主义进行控制与管理。此外，一些研究着眼于以治理组合的方式抑制机会主义行为（Paswan et al.，2017），如行政控制、网络权力、关系规范三类治理手段的共同使用（Carree et al.，2011）。尽管这些研究表明，企业网络使用多元形式手段的治理效果较好，但并没有研究区块链治理与契约治理、关系治理对机会主义的共同影响（Lumineau et al，2021）。因此，本章进一步扩展，将企业网络组织行为视为复杂现象的结果，其中，组织行为同时受到区块链技术（分布式共识和自动可执行）和治理机制（契约治理和关系治理）的影响，以丰富网络治理理论。

本章以技术治理理论、交易成本理论和社会交换理论为基础，构建了区块链技术（分布式共识和自动可执行）和治理机制（契约治理和关系治理）的交互效应模型，以分析两者以何种互动方式影响网络中组织间的机会主义行为。通过对信息技术服务业、制造业、金融业等领域的企业网络为研究对象，获得 270 份有效样本。运用 SmartPLS 对区块链技术和治理机制对机会主义治理影响的概念模型进行了实证分析，实证结果基本上支持了前文的研究假设和理论分析。本章研究发现：第一，区块链技术和治理机制对网络内机会主义行为均具有较强的抑制作用，表明区块链技术和治理机制在约束组织机会主义方面同样重要。第二，区块链技术和契约治理在抑制组织间机会主义行为时可以相互替代，而区块链技术与关系抑制在治理机会主义行为方面可以互补协同。第三，区块链技术在抑制机会主义方面发挥着强于治理机制的作用。也就是说，不同的治理手段以及抑制组合对于机会主义行为治理具有不同的效用。

首先，本章综合技术治理理论、交易成本理论和社会交换理论三种相关理论，构建了企业网络机会主义行为的治理框架。研究证明，企业网络可以利用区块链技术的分布式共识和自动可执行特性来降低不确定性、提高合作效率及有效性，从而降低网络战略决策中的冲突和障碍。

交易成本理论表明，更高程度的契约完整性可以有效降低道德危险、冲突以及机会主义行为的发生概率（李林蔚和王罡，2021；Liu et al.，2017）。本章的研究结果验证了契约治理在约束和抑制组织机会主义行为方面的有效性。契约治理通过明确的条款规定和权威控制合作伙伴的私人动机，为企业网络提供了一个制度框架，从而起到约束机会主义行为和降低交易风险的作用。此外，本章研究进一步证实了关系治理在网络治理方面的有效性。社会交换理论认为，企业网络内组织间合作应该根植于组织与组织之间的牢固关系，从而控制合作风险（Liu et al.，2017）。因此，与关系规范、共同解决问题等有关的关系治理能够抑制机会主义行为。这些发现与最近的研究一致，表明契约治理和关系治理是治理机会主义行为的重要手段。

其次，实证检验了区块链技术与契约治理、关系治理对机会主义行为的交互效应。已有研究提出了区块链可以被视为一种不同于传统契约治理和关系治理的治理手段的观点，即区块链技术与治理机制之间具有互补或替代关系（Lumineau，2021；Petersen，2022）。本书在此基础上进行拓展，提出区块链技术特性和契约治理具有替代性，区块链技术和关系治理具有互补性。这一发现的重要意义在于，它不但能够丰富企业网络治理相关研究，而且为我们在新的技术环境下探讨企业网络组织治理问题提供了一条新的思路。

区块链技术的自动可执行和契约治理之间具有替代效应，即自动可执行在抑制机会主义行为方面与契约治理有相似的功能，而分布式共识与契约治理之间不存在替代效应。自动可执行减少了对传统契约治理的需求，并作为一种有效的替代手段来约束机会主义行为。具备自动执行功能的区块链可以替代网络成员之间的契约治理，将交易协议进行参数化编码，可以减少契约治理实施的模糊性，自动执行合约条款和条件有助于实现合作流程的常规化，降低道德风险发生的概率，实现了高水平的基于技术合约的可执行性和可靠性。可以看出，区块链技术的自动化执行和契约治理在治理机会主义行为方面会相互干扰，进而造成治理效果的削弱。因此，区块链技术的自动化执行与契约治理在机会主义行为治理方面存在替代作用。

另外研究发现，区块链技术的分布式共识与契约治理之间的替代关系并没有通过验证，两者之间不存在替代效应，这一研究结果与 Petersen（2022）的观点相悖。本章并没有证实区块链技术的分布式共识与契约治理之间替代作用的原因可能在于：二者的治理功能不同，致使在机会主义行为治理方面不存在替代关系。具体而言，分布式共识主要通过共识算法和分布式结构对合作内容进行验证，在验证通过的基础上进行后续任务的执行，同时确保合作流程对网络成员来说是透明且不变的，以此来大大地降低组织间合作中存在的机会主义行为风险。而契约治理主要通过具有法律效力的合同对任务、职责、权利、流程等内容进行规定，以此来约束组织行为。由此可以看出，分布式共识通过实时验证实现了事前控制的治理功能，而契约治理则通过事后惩罚发挥治理效用，两者在机会主义行为治理方面发挥的功能不同，因此不存在替代关系。

区块链技术的分布式共识与关系治理两种治理手段对企业网络机会主义行为的效用具有互补性，即网络同时采用两者可以更为有效地控制组织机会主义行为。分布式共识更容易弥补充关系治理的不足，因为分布式共识具有关系可信的性质（Bai & Sarkis, 2020）。在区块链中，基于其存储的声誉信息及动机预测，合作双方可以对彼此进行有效的评估与筛查，以应对逆向选择问题。同时，加入区块链网络本身就提供了一个可信的信号，即合作伙伴会以诚实和值得信赖的方式行事，从而为合作、沟通与信息交流奠定基础，促进关系治理效应的增强（Hoetker & Mellewigt, 2009），从而抑制组织间机会主义行为。因此，区块链技术的分布式共识与关系治理在机会主义行为治理方面具有互补协同效用。

然而，与预期不同，实证结果表明，自动可执行和关系治理在机会主义治理方面没有显著的互补效用。这一发现与 Lumineau 等（2021）、Mishra 等（2021）学者提出的论点相悖，他们认为，区块链技术的自动可执行可以被视为一种承诺，可通过强有力的合约自动执行以及提供实时监控，并对不当行为和违规行为进行强制惩罚，以此来促进组织间信任和关系规范的发展，在一定程度上实现了对机会主义行为的遏制。对这一结果的一种解释是：自动可执行克服了人为因素带来的风险，比依赖于信息交流、灵活性和规范的关系治理更具有说服力（宋晓晨和毛基业，2022），甚至基于关系承诺的组织间信任被基于区块链技术构建的组织间信任所取代。此外，基于合作各方的共同期望与规范所形成的关系治理，通过现有的网络规范和关系准则对组织间行为进行指导，这一过程可被描述为自我执行（Osmonbekov et al., 2016），因此在一定程度上与区块链技术的自动可执行相互影响，甚至相互替代，从而致使两者之间并不存在互补协同的关系。

最后，实证检验了区块链技术和治理机制对机会主义行为的相对重要性。尽管区块链技术和治理机制都对机会主义行为具有显著的抑制作用，但其效果是不同的。本章的研究结果表明，区块链技术在约束机会主义行为方面比治理机制更有效。

5.6　本章小结

本章引入新的区块链治理手段，以有效遏制机会主义行为。区块链技术以其分布式共识机制和智能合约的自动执行能力，为组织间治理提供了新的解决方案。分布式共识确保了网络中所有参与者对信息的一致性认同，而智能合约则通过代码自动执行协议条款，减少了人为干预和违约的可能性。此外，区块链的透明性和不可篡改性也为构建信任提供了技术支持。本章研究了区块链技术（分布式共识和自动可执行）和治理机制（契约治理和关系治理）的交互效应模型，以及两者以何种互动方式影响网络中组织间的机会主义行为。本章采用基于问卷调查的实证分析，通过对270个样本数据的收集与分析，对所提出的理论模型进行了假设检验。表5-20对假设检验结果进行了汇总。

表 5-20　研究假设汇总

假设序号	内容	结果
H1a	区块链技术的分布式共识特性对企业网络内的机会主义行为具有抑制作用	支持
H1b	区块链技术的自动可执行特性对企业网络内的机会主义行为具有抑制作用	支持
H2a	契约治理对组织间机会主义行为起到抑制作用	支持
H2b	关系治理与机会主义行为之间存在负相关关系	支持
H3a	区块链技术的分布式共识和契约治理在抑制机会主义行为方面存在替代效应	不支持
H3b	区块链技术的自动可执行和契约治理在抑制机会主义行为方面存在替代效应	支持
H4a	分布式共识和关系治理在抑制机会主义行为方面起到互补作用	支持
H4b	自动可执行和关系治理在抑制机会主义行为方面起到互补作用	不支持
H5	在抑制机会主义行为方面，区块链技术比治理机制更有效	支持

研究结论指出，企业网络在治理过程中需要正确认识区块链技术和治理机制的相对价值及其对网络治理的差异化影响。区块链技术提供了一种技术层面的治理手段，而治理机制则涉及组织间互动的规则和文化。两者的结合可以更有效地遏制机会主义行为，促进企业网络的稳定和合作。本章的结论为企业网络在选择治理手段和治理路径时提供了借鉴。在企业网络机会主义治理过程中，应充分发挥区块链技术和治理机制的双重作用。通过技术手段提高透明度和执行力，同时通过治理机制培养信任和合作精神，构建一个健康、高效的企业网络环境。这种综合治理策略有助于企业网络在面对复杂多变的市场环境时，保持竞争力和可持续发展。

第6章 基于区块链技术的 企业网络协调机制研究

由前文可知，区块链技术能够以分布式共识、自动可执行等特性实现组织间协调。但实践中，区块链技术是否能促进组织间协调仍有质疑。因此，本章通过构建区块链技术、组织间信任、联合协作规划与组织间协调之间的理论模型，厘清其作用机制，并采用问卷调查的实证研究方法，对本章的理论模型进行了假设检验，以此验证区块链技术对组织间协调的作用机理。

6.1 理论分析与模型构建

6.1.1 区块链技术与组织间协调

网络内知识和信息的及时交流与共享对于实现不同组织间的高效协调至关重要。区块链技术可能会通过改变组织间数据交流和治理机制来影响组织间协调（Pan et al.，2020；Upadhyay，2020），并可能在组织与区块链之间塑造新型的信任关系（Devine et al.，2021）。区块链通过多技术集成，创建一个安全透明的平台，其内在特征使其适合应用于企业网络。具体来说，区块链技术的分布式共识与自动可执行这两大基本特征，都将促进组织间协调。

在区块链分布式共识的机制作用下，组织可以随意选择加入或离开，但它们一旦加入区块链，就意味着它们承认并接受预先确定的规则。此外，组织成员通过协议规定了各方的责任与义务，并确保其合作任务以预先计划的方式执行，有助于组织间达成共识。组织间协调的问责制、可预测性及集体共识都可以通过区块链的共识机制来实现。区块链保证企业网络内的信息必须由多个独立的实体进行验证，并由时间戳保证信息按时间排序、由非对称加密保证数据信息的隐私性与完整性，从而极大地提高网络内数据信息的完整性和可靠性，实现组织间实时的数据共享，并以分散的方式实现网络内的数据协调（Lumineau et al.，2021）。可以看出，区块链以分布式共识的机制实现独立组织之间的协调（Kostić & Sedej，2022；Murray et al.，2021）。

此外，区块链的自动可执行保证基于区块链技术的链内数据和显式交易中的外生数据被组织可靠地引用，且通过代码规则执行日常程序，促进组织间日常程序的协调（Lacity et al.，2019）。特别是保证自动可执行的智能合约将扩大组织间自动化处理的范围，促进合作伙伴间的交易活动，尤其在供应链网络内，可实现从订单接受、产品生产、产品物流到产品反馈的全链协调，并提高组织间的协调能力（Lumineau et al.，2021）。另外，通过编码和代码形式将书面的组织间协议变成智能合约，能够保证协议不受人为干预，减少网络流程中交接点处的协议验证与执行的时间延迟（Nandi et al.，2020），促进网络内流程间协调，极大地改善网络组织间的业务流程协调。因此，基于上述分析，本章认为，区块链技术会对组织间协调产生影响，故提出以下假设：

假设 1a：区块链技术的分布式共识对组织间协调具有积极影响。

假设 1b：区块链技术的自动可执行对组织间协调具有积极影响。

6.1.2 组织间信任的中介效应

尽管一些研究表明，区块链技术更适合无信任的环境，可以实现组织之间直接的价值交互（Mishra et al.，2021）。但区块链技术本身并没有消除对信任的需求，相反可以作为一种安全机制刺激信任的产生（Völter et al.，2023），并促进组织间协调。区块链技术通过分布式共识与智能合约，不允许对链上任何信息进行单方面更改，保证了数据信息的透明度，提高了信息可信度。同时，利用自动执行合同促进协调，提高执行性并减少不确定性。因此，通过以上分析可以看出，区块链技术通过分布式共识和自动可执行，在不依赖第三方情况下实现数据库的独立验证，并提供协议执行保障，加强了组织对合作关系的信任（Kshetri，2022），改善协作流程，从而促进组织间的协调。

具体来说，一方面，相互依赖程度相对较低的企业进行合作的目的可能是获取异质性资源、分担风险和降低成本。然而，与依赖程度低的企业进行合作可能会引发合作伙伴更多的竞争行为，甚至引发数据造假的风险，从而阻碍组织间协调。因此，有必要通过增强组织间信任来提高相互依赖程度较低的组织间的协调程度。而区块链技术的存储机制提供了分布式数据库，并通过分散和分布式的方式持续更新记录组织间信息，促使信息在整个网络中得到透明，安全的共享，从而增强组织对网络内共享数据的信任度。区块链技术的分布式共识通过增强组织对合作数据的可信度，实现了组织间关系的协调。另一方面，相互依赖程度较高的合作伙伴进行合作的目的是通过互补的技术和资源创造关系租金，但合作者极易陷入"能力陷阱"中，尤其在面对分歧的情况下，组织各持己见，难以达成协调（刘和东和陈文潇，2020）。因此，有必要管理相互依赖性较强的网络，而区块链技术通过共识机制保证链内信息经过验证，通过时间戳和非对称加密实现不可篡改的数据信息的安全性。此时，网络内数据安全性将增强组织对网络系统的信任（Frizzo－Barker et al.，2020），并赋予节点组织更好的声誉（Chen，2018）。充满信任的网络将有效解决组织之间的冲突分歧，并实现伙伴间的决策协调。

首先，在责权明晰方面，区块链作为一种新兴技术，可以通过自动可执行合约的特点，对合作伙伴的责任和义务进行明确定义，并将其编码为数字协议，从而上链执行，责权明晰将增强伙伴对合作过程和利益分配的信任，实时管理集体行动并解决可能的冲突，将合作运作过程中的意外行为和问题降至最少，从而实现有效的协调。其次，在执行结果方面，区块链的智能合约在无人为干预的情况下自主执行协议，减少组织投机行为，促进组织对执行结果的可信性（Nandi et al.，2020），有效建立网络信任（Li et al.，2022）。具有较高信任度的合作伙伴可以在无监督的情况下进行资源和知识的动态调整，从而减少协调成本，实现资源和能力的有效协调（Gulati et al.，2012）。此外，自动可执行的智能合约可以促进组织间的信息保存、分析和处理，进一步维护链内信息的透明度和安全性，提高合作伙伴的信任和分享相关信息的意愿（Saberi et al.，2019），提高组织间沟通效率，实现更好的决策。特别是组织间信任将加强网络层面对道德标准和行为规范的认可，从而通过降低知识泄露风险和减少"搭便车"问题提高组织间协调的效率。

综上可知，区块链技术的分布式共识通过数据信任和历史信任来促进组织间信任，从而积极影响组织间协调。而区块链技术的自动可执行通过责权明晰、结果信任和安全透明性来促进组织间信任，从而积极影响组织间协调。因此提出如下假设：

假设2a：区块链技术的分布式共识对组织间信任产生显著积极影响。

假设2b：区块链技术的自动可执行对组织间信任产生显著积极影响。

假设3：组织间信任对组织间协调产生显著正向影响。

假设4a：组织间信任在分布式共识与组织间协调的关系中起到中介作用。

假设4b：组织间信任在自动可执行与组织间协调的关系中起到中介作用。

6.1.3　联合协作规划的调节效应

联合协作规划是在组织间合作过程中，对未来不确定性事项及重要的职责、任务进行事先计划，以指导合作伙伴建立关系。因此，联合协作规划将加强组织间信任与协调之间的关系。在组织间关系中，联合协作规划定义与安排了支持合作的协议，并制订了合作计划，以支持组织间合作流程并提供解决方案，从而为网络带来协同效应（Hadaya & Cassivi，2012）。联合协作规划将通过协作安排和联合制订计划，指定合作过程中的具体目标和计划安排，以确保协调水平与信任程度保持一致。在目前的协调情况下，联合协作规划能够确保以最佳的方式促进组织间信任的价值发挥。例如，如果当前网络已经通过治理手段实现了信息协调、冲突解决，并决定在后续的合作过程中加强控制进一步提高协调效率，那么联合协作规划活动将通过使用历史经验和预期目标的方法，促进合作伙伴之间的持续互动，从而加强信任与组织间协调。因此，通过促进组织间信任的价值发挥，联合协作规划将加强组织间信任与组织间协调的关系。在此提出以下假设：

假设5：联合协作规划在组织间信任与组织间协调的关系中起到调节作用，即组织间联合协作规划级别越高，组织间信任与组织间协调的关系越紧密。

由以上分析可以看出，区块链技术会增强组织间信任，从而积极影响组织间协调，若网络处于级别较高的联合协作规划控制下，则会进一步增强组织间信任与组织间协调的积极作用。将中介效应和调节效应的理论推导逻辑进行结合，本章提出了一个中介效应模型。具体来说，区块链的分布式共识满足数据共享、集体共识与责权明晰的网络需求，且又受到联合协作规划的有效控制。通过协作安排与联合计划，组织间信任得以稳固，从而进一步增强了组织间协调。联合协作规划是一种有效的控制和关系机制，可以促进组织间信任的发展，并在一定程度上促进组织间协调。因此，组织间进行联合协作规划的次数越多，组织间信任的中介效应就越强，故提出如下假设：

假设 6a：联合协作规划加强了组织间信任在分散共识与组织间协调之间的中介作用，即组织间联合协作规划级别越高，组织间信任的中介效应越强。

假设 6b：联合协作规划加强了组织间信任在自动可执行与组织间协调之间的中介作用，即组织间联合协作规划级别越高，组织间信任的中介效应越强。

6.1.4　基于区块链技术的组织间协调治理理论模型构建

综合以上相关理论分析，本章分析得出区块链技术会通过组织间信任来正向作用于组织间协调，而这一中介效应又会受到联合协作规划的调节。当联合协作规划程度较高时，区块链技术通过组织间信任影响组织间协调的中介效应更加显著。本章构建的理论模型如图 6-1 所示，假设汇总如表 6-1 所示。

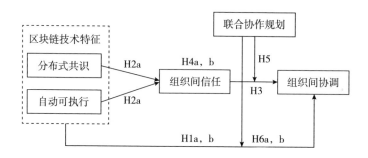

图 6-1　基于区块链技术的组织间协调治理研究理论模型

表 6-1　研究假设汇总

假设序号	内容
H1a	区块链技术的分散式共识对组织间协调具有积极影响
H1b	区块链技术的自动可执行对组织间协调具有积极影响
H2a	区块链技术的分散式共识对组织间信任产生显著积极影响
H2b	区块链技术的自动可执行对组织间信任产生显著积极影响
H3	组织间信任对组织间协调产生显著正向影响
H4a	组织间信任在分散式共识与组织间协调的关系中起到中介作用

假设序号	内容
H4b	组织间信任在自动可执行与组织间协调的关系中起到中介作用
H5	联合协作规划在组织间信任与组织间协调的关系中起到调节作用，即组织间联合协作规划级别越高，组织间信任与组织间协调的关系越紧密
H6a	联合协作规划加强了组织间信任在分散共识与组织间协调之间的中介作用，即组织间联合协作规划级别越高，组织间信任的中介效应越强
H6b	联合协作规划加强了组织间信任在自动可执行与组织间协调之间的中介作用，即组织间联合协作规划级别越高，组织间信任的中介效应越强

6.2 研究设计

本章基于实证研究的程序规范，对上述理论模型的假设检验主要分为4个部分：①直接效应检验：自变量（区块链技术的分布式共识、自动可执行）对因变量（组织间协调）影响的实证研究。②中介效应检验：自变量（区块链技术的分布式共识、自动可执行）与组织间协调之间的作用机制检验，区块链技术是否需要通过组织间信任对组织间协调发挥作用。③调节效应检验。④稳健性检验：通过变量替换法对结论进行稳健性检验。由于本章涉及的变量多为潜变量，不容易通过二手数据进行测量，因此选择利用问卷调查收集一手数据以对本章涉及的变量进行准确衡量。

6.2.1 问卷设计与变量测量

6.2.1.1 问卷设计

问卷设计步骤为：①构建本章模型所涵盖的区块链技术、组织间信任、联合协作规划与组织间协调5个变量的量表题项数据库，主要对国内外高级别期刊中高被引文献中涉及的量表进行收集，并对各量表题项进行甄选与筛查，尽量选择与企业网络、网络治理、区块链技术等密切相关的题项，进而分类整理得到"组织间协调""组织间信任""联合协作规划"的初级量表数据库。②在初级量表数据库的基础上对题项术语进行通俗化和情境化处理，使量表通俗易懂，便于受访者理解与填答。③在充分自我修改完善的基础上，邀请研究团队对初始调查问卷进行进一步的探讨与修正。此外，对小范围发放问卷以进行预测试，获得预测试样本 25 个，在考虑反馈意见的基础上，对问卷的信度、效度、变量相关性进行测试，基于预测结果对问卷进行进一步的设计与完善，从而形成最终问卷。

6.2.1.2　变量测量

根据前文的理论假设和概念模型，本章需要测量的变量包括：区块链技术、组织间信任、联合协作规划、组织间协调。本章采用李克特七级量表评分法，同时在借鉴国内外已有相关研究中成熟量表的基础上，根据研究背景、实践经验以及前期数据调研和预测试，对量表进行情景优化和修订，形成最终问卷。

组织间协调。组织间协调指的是企业在整个网络内通过协调活动，很好地进行协同工作，以集成、组合和部署资源从而实现集体任务，并提高效率和消除浪费。已有研究从不同角度对组织间协调进行测量。Tan 和 Cross（2012）、Pomegbe 等（2022）聚焦于供应链组织间的协调，从业务信息协调、业务决策协调、业务流程协调三个维度测量供应链企业的组织间协调程度，旨在调查组织间角色关系、运营和争议解决方面的协调情况。还有研究从协调效率（沈灏等，2015）、信息协调（Dubey et al.，2022）等维度对组织间协调进行测量。本章所研究的组织间协调是一个结果，因此，本章主要借鉴沈灏等（2015）、薛捷和张振刚（2017）、Tsou（2019）等学者对组织间协调的度量，从协调效率、信息协调、决策协调、冲突解决 4 个维度分 6 个题项对组织间协调进行测量，具体如表 6-2 所示。

表 6-2　组织间协调测量题项

测量变量	题项编号	题项内容	参考文献
组织间协调	IOC1	在使用区块链的网络中，企业间的合作都得到了良好协调	沈灏等（2015）；薛捷和张振刚（2017）；Pomegbe 等（2022）；Dubey 等（2022）
	IOC2	在使用区块链的网络中，企业间解决问题的效率比较高	
	IOC3	在使用区块链的网络中，企业间通常无须耗费太多时间、精力就能达成共识	
	IOC4	在使用区块链的网络中，企业间会实时分享信息	
	IOC5	在使用区块链的网络中，绝大多数的决策由所有成员共同参与	
	IOC6	在使用区块链的网络中，企业间冲突、矛盾总能够很好地解决	

组织间信任。企业网络内组织与网络内其他合作伙伴间的信任，即组织间信任是本章的中介变量。信任带有较强的主观色彩，基于对信任结构的不同认识，学者提出了多种测量信任的方法。McAllister（1995）从情感和认知两个方面对组织间信任进行了测量。Capaldo（2014）沿用了这一量表分析组织间信任。宋晶和孙永磊（2016）在研究网络中的信任问题时，对相关题项作了适当调整以更好地反映组织间的信任。本章所研究的信任属于企业与网络中其他组织间的相互信任，应该是网络内企业之间信任的双向关系测度。同时考虑到认知信任与情感信任的二维结构，本章将主要借鉴前述文献中的测量量表，并结合本章研究的特点进行适当修改和完善，用 5 个题项对组织间信任进行测度具体如表 6-3 所示。

表 6-3　组织间信任测量题项

测量变量	题项编号	题项内容	参考文献
组织间信任	IOT1	在使用区块链的网络中，企业相信彼此都能够遵守承诺或合同	McAllister（1995）；Capaldo（2014）；宋晶等（2016）
	IOT2	在使用区块链的网络中，企业相信彼此具有完成合作任务的知识与能力	
	IOT3	在使用区块链的网络中，企业相信履约行为被实时监控，且违约成本很高	
	IOT4	在使用区块链的网络中，企业通常积极帮助合作伙伴渡过难关	
	IOT5	在使用区块链的网络中，企业间在目标、需求、合作意愿等方面较为一致	

联合协作规划。企业网络中，联合协作规划是在组织间合作过程中，对未来不确定性事项及重要的职责、任务进行事先计划，以指导合作伙伴建立它们的关系和流程。产业共同商务标准协会提出，联合协作规划需要两个相辅相成的步骤："协作安排"和"联合制订计划"。Hadaya 和 Cassivi（2012）通过将联合协作规划作为一个指数来测量，对"协作安排"和"联合制订计划"两个步骤分数进行平均，以获得联合协作规划的分数。因此，本章借鉴国内外成熟量表与测量方法，从"协作安排"和"联合制订计划"两个方面用 6 个题项对联合协作规划进行测量，具体如表 6-4 所示。

表 6-4　联合协作规划测量题项

测量变量	步骤	题项编号	题项内容	参考文献
联合协作规划	协作安排	JCP1	在使用区块链的网络中，企业间经常制定合作协议与目标	Hadaya 和 Cassivi（2012）
		JCP2	在使用区块链的网络中，企业间经常对协作任务、资源等进行分配	
	联合制订计划	JCP3	在使用区块链的网络中，企业间会制定解决分歧的方法	
		JCP4	在使用区块链的网络中，企业间经常会共同探讨生产计划	
		JCP5	在使用区块链的网络中，企业间经常会共同安排后续合作	
		JCP6	在使用区块链的网络中，企业间经常分享彼此的战略计划	

控制变量。本章还包括三个控制变量，包括伙伴关系质量（Liu et al.，2009）。合同完整性（Tsou et al.，2019）和网络规模（You et al.，2018），因为其可能对组织间协调产生潜在影响。先前的研究表明，伙伴关系质量会影响组织间协调的有效性及效率（Liu et al.，2021）。它由改编自 Liu 等（2021）的5 个项目来衡量。网络成员使用完整的合同对组织间关系进行协调，它将由 3 个项目来衡量（Tsou et al.，2019）。网络规模的大小影响协调的难易程度（解学梅和左蕾蕾，2013），在此通过"企业网络中的企业的数量"来进行测量，答案选项分别为"1~3 家""4~7 家""8~10 家""11~15 家""16~20 家""20~30家""30 家以上"，分别赋值为 1~7（宋晶和陈劲，2022）。控制变量的具体题项如表 6-5 所示。

表 6-5　控制变量的测量题项

控制变量	指标编码	题项内容	参考文献
伙伴关系质量	PR1	网络中的企业之间的交流非常频繁	Liu 等（2021）
	PR2	网络中企业之间的合作关系已经持续了较长时间	
	PR3	网络中企业都很了解和熟悉彼此的业务	
	PR4	网络中企业会做出互利的决定	
	PR5	网络内的企业共享兼容的文化和政策	
合同完整性	CC1	网络内的合同对任务操作和任务实施各方面进行了协议规定	Tsou 等（2019）
	CC2	主要通过合同对网络中企业之间的冲突进行协调和解决	
	CC3	主要通过合同处理合作过程中的突发事件	
网络规模	NC	企业网络中企业的数量	宋晶和陈劲（2022）

6.2.2 问卷实施与数据收集

6.2.2.1 问卷实施

本部分旨在探索区块链技术、组织间信任、联合协作规划对组织间协调的影响。调查问卷发放对象主要为采用区块链技术的企业网络中的合作企业，且受访者多为企业管理人员和技术研发人员。主要采取现场发放与网络发放两种方式，具体过程详见第 5 章。另外，调查问卷发放时间为 2022 年 10~12 月，共收回 437 份问卷。

6.2.2.2 问卷筛选与样本描述

对回收的问卷进行预处理和有效筛选，问卷筛选的具体过程详见第 5 章，最终得到 285 份有效样本，有效率为 65%。从样本的统计资料（见表 6-6）可以看出，女性占 49.35%，男性占 50.65%，二者几近于相等。受访者在企业中大多为中层管理人员（37.19%），其次为基层管理者（28.42%），而技术研发人员比例（17.54%）略高于高层管理者比例（13.33%）。参与调查的企业涉及制造业、信息技术服务业、金融业等多个行业，能够保证研究样本来源的多样性。关于调研企业所处的企业网络的规模大小，企业数量多为 4~7 家（25.61%）、8~10 家（26.67%），而拥有 20~30 家企业（3.51%）的网络在样本中的占比较小。

表 6-6 样本统计资料（N=285）

样本特征	特征分布	数量（人）	百分比（%）
受访者性别	男	145	50.65
	女	140	49.35
受访者职位	技术研发人员	50	17.54
	基层管理人员	81	28.42
	中层管理人员	106	37.19
	高层管理人员	38	13.33
	其他	10	3.52
行业类型	制造业	167	58.60
	金融业	25	8.77
	信息技术服务业	76	26.67
	其他	17	5.96

续表

样本特征	特征分布	数量（人）	百分比（%）
企业性质	国有及国有控股企业	57	20.00
	民营企业	200	70.17
	中外合资	17	5.96
	外资企业	11	3.87
企业年限	≤5 年	20	7.02
	6~10 年	100	35.09
	11~20 年	92	32.28
	>20 年	73	25.61
企业规模	大型企业	65	22.80
	中型企业	136	47.72
	小型企业	72	25.26
	微型企业	12	4.22
网络规模	1~3 家	22	7.72
	4~7 家	73	25.61
	8~10 家	76	26.67
	11~15 家	47	16.49
	16~20 家	26	9.12
	20~30 家	10	3.51
	30 家以上	31	10.88

6.3 实证分析与假设检验

为了检验模型假设的有效性和合理性，本章采用 SPSS 进行信效度检验以及假设检验。本章在对数据进行共同方法偏差与信效度分析的基础上，进行了描述性统计和相关分析，并进行了回归分析，以验证区块链技术对组织间协调的直接效用。另外，采用 Hayes 所开发的 Processv 3.4 中的 Bootstrap 方法，对组织间信任的中介作用、联合协作规划的调节作用等进行检验。在上述检验基础上，进行了稳健性检验。

6.3.1 共同方法偏差

本章除在调查设计和管理中对共同方法偏差问题进行控制外，还对问卷进行 Harman 单因素分析。具体而言，将本章概念模型所涉及的 7 个测量变量，即分布式共识、自动可执行、组织间信任、联合协作规划和组织间协调、伙伴关系质量、合同完整性进行降维因子分析，并通过主成分分析法提取特征根大于 1 的因子。通过 SPSS26.0 对 38 个因子进行分析，结果显示（见表 6-7），最终提取了 7 个因子，并解释了总方差的 67.25%，且最大的因子仅占总方差的 30.04%，小于 40%，表明没有一个单一因子可以解释大部分总方差。由此，Harman 单因素分析说明，本章研究不存在严重的共同方法偏差。

表 6-7 共同方法偏差检验

成分	初始特征值			提取载荷平方和			旋转载荷平方和		
	总计	方差百分比（%）	累计（%）	总计	方差百分比（%）	累计（%）	总计	方差百分比（%）	累计（%）
1	11.42	32.80	30.04	11.42	30.04	30.04	4.94	12.99	12.99
2	3.77	9.92	39.95	3.77	9.91	39.95	4.66	12.27	25.26
3	3.08	6.47	48.05	3.08	8.10	48.05	4.39	11.55	36.81
4	2.46	5.38	54.52	2.46	6.47	54.52	3.43	9.03	45.85
5	2.16	3.63	60.20	2.16	5.68	60.20	2.99	7.86	53.70
6	1.60	3.35	64.41	1.60	4.20	64.41	2.57	6.78	60.48
7	1.08	2.39	67.25	1.08	2.85	67.25	2.57	6.77	67.25

6.3.2 信度与效度分析

6.3.2.1 信度检验

为了评估项目内容的可靠性，本章使用 SPSS26.0 进行内部一致性测试，对变量机会主义行为、分布式共识、自动可执行、契约治理、关系治理以及问卷总量表进行信度分析，通过对内部一致性系数 Cronbach's α 系数来检验问卷的信度情况。问卷可信度高低与 Cronbach's α 系数的对应关系如表 6-8 所示。首先，本章问卷总量表 Cronbach's α 系数为 0.924，表明从问卷整体来看，变量之间具有较为满意的内部一致性和可靠性。其次，组织间协调的 Cronbach's α 系数为 0.749，大于要求的 0.7，且删除各题项后的 Cronbach's α 系数均低于总 α 系数，

CITC 值均大于 0.5，表明本章的因变量组织间协调在样本数据中表现出较好的内部一致性。自变量分布式共识和自动可执行的 Cronbach's α 系数分别为 0.914 和 0.917，对删除各题项后的 Cronbach's α 系数均小于总系数，且 CITC 值均大于 0.5，表明区块链技术的分布式共识和自动可执行具有较好的内部一致性。中介变量组织间信任的 Cronbach's α 系数、删除各题项后的 Cronbach's α 系数以及 CITC 值均大于标准范围。调节变量联合协作规划的 Cronbach's α 系数为 0.949，删除各题项后的 Cronbach's α 系数以及 CITC 值均大于标准范围。此外，控制变量伙伴关系和合同复杂性的 Cronbach's α 系数分别为 0.879 和 0.899，删除各题项后的 Cronbach's α 系数以及 CITC 值均大于标准范围。由此可以表明本章的研究变量信度较好，可以进行下一步研究。

表 6-8　量表的信度分析

变量	题项	CITC	删除各题项后的 Cronbach's α 系数	Cronbach's α 系数
组织间协调	IOC1	0.536	0.729	0.749
	IOC2	0.537	0.727	
	IOC3	0521	0.732	
	IOC4	0.536	0.699	
	IOC5	0.535	0.700	
	IOC6	0.572	0.689	
分布式共识	BCT1	0.766	0.898	0.914
	BCT2	0.732	0.902	
	BCT3	0.735	0.901	
	BCT4	0.738	0.901	
	BCT5	0.739	0.901	
	BCT6	0.747	0.900	
	BCT7	0.704	0.904	
自动可执行	BCSC1	0.783	0.900	0.917
	BCSC2	0.770	0.902	
	BCSC3	0.780	0.900	
	BCSC4	0.726	0.908	
	BCSC5	0.745	0.905	
	BCSC6	0.791	0.899	

续表

变量	题项	CITC	删除各题项后的 Cronbach's α 系数	Cronbach's α 系数
组织间信任	IOT1	0.672	0.762	0.816
	IOT2	0.607	0.780	
	IOT3	0.596	0.784	
	IOT4	0.597	0.783	
	IOT5	0.577	0.789	
联合协作规划	JCP1	0.846	0.939	0.949
	JCP2	0.832	0.941	
	JCP3	0.843	0.940	
	JCP4	0.838	0.941	
	JCP5	0.847	0.939	
	JCP6	0.860	0.938	
伙伴关系	PR1	0.722	0.850	0.879
	PR2	0.710	0.853	
	PR3	0.708	0.853	
	PR4	0.709	0.853	
	PR5	0.706	0.854	
合同复杂性	CC1	0.811	0.846	0.899
	CC2	0.785	0.869	
	CC3	0.804	0.853	

6.3.2.2 效度检验

效度检验是验证问卷题项设计是否合理、有效的关键性程序。本章对问卷量表的所有题项进行建构效度的检验，通过 SPSS26.0 的 KMO 值和巴特利特球形检验进行探索性因子分析。由表 6-9 可知，本章量表的 KMO 值为 0.924 大于阈值 0.8，且巴特利特球形检验值为 6673.408，p 值小于 0.001，证明了相关矩阵间有共同因素存在，即问卷题项具有较好的建构效度。

此外，对问卷进行验证性因子分析，即对量表的聚合效度和收敛效度进行检验。其中，组合信度（CR）衡量各因子的聚合效度，以反映各因子中的所有题目是否一致性地解释该因子，并采用平均方差萃取值（AVE）衡量收敛效度。鉴于本章样本数为 285，在因子分析中，应将因子载荷值大于 0.5 的题项纳入共同因子中进行分析。由表 6-9 可知,各因子与对应题项的标准化因子载荷大多大于 0.7,且最小值也均大于 0.5,表明各题项与所属因子较为一致。此外,从表 6-9 可以看出,分布式共识的 CR 为 0.875,AVE 为 0.505;自动可执行的 CR 为 0.903,AVE 为 0.610;组织间信任的 CR 为 0.835,AVE 为 0.503;联合协作规划的 CR 为 0.920,AVE 为 0.566;组织间协调的 CR 为 0.842,AVE 为 0.472;伙伴关系质量的 CR 为 0.862,AVE 为 0.555;合同复杂性的 CR 为 0.845,AVE 为 0.645。综上可知,本章所涉及变量的 CR 均大于 0.7,AVE 大于 0.5,表明研究变量具有良好的聚合效度和收敛效度。

表 6-9 效度分析

因子	题项	标准化因子载荷	CR	AVE	KMO
分布式共识	BCT1	0.625	0.875	0.505	
	BCT2	0.603			
	BCT3	0.760			
	BCT4	0.878			
	BCT5	0.675			
	BC6	0.728			
	BC7	0.667			
自动可执行	BCSC1	0.634	0.903	0.610	KMO=0.924 巴特利特球形检验 卡方:6673.408 自由度:703 Sig<0.001
	BCSC2	0.826			
	BCSC3	0.772			
	BCSC4	0.744			
	BCSC5	0.820			
	BCSC6	0.868			
组织间信任	IOT1	0.747	0.835	0.503	
	IOT2	0.710			
	IOT3	0.668			
	IOT4	0.681			
	IOT5	0.737			
联合协作规划	JO1	0.807	0.920	0.566	
	JO2	0.789			
	JO3	0.813			
	JO4	0.812			
	JO5	0.828			
	JO6	0.810			

因子	题项	标准化因子载荷	CR	AVE	KMO
组织间协调	IOC1	0.658	0.842	0.472	
	IOC2	0.632			
	IOC3	0.613			
	IOC4	0.713			
	IOC5	0.721			
	IOC6	0.771			KMO=0.924 巴特利特球形检验 卡方：6673.408 自由度：703 Sig<0.001
伙伴关系质量	PR1	0.709	0.862	0.555	
	PR2	0.726			
	PR3	0.756			
	PR4	0.807			
	PR5	0.723			
合同复杂性	CC1	0.770	0.845	0.645	
	CC2	0.796			
	CC3	0.842			

6.3.3 描述性统计和相关分析

本章采用 Pearson 相关系数分析法对模型中各个变量之间的相关性进行分析，初步检验变量之间的关系，结果如表 6-10 所示。可见，在 0.05 的显著性水平上，分布式共识、自动可执行与组织间信任、联合协作规划、组织间协调均存在显著的相关性。一般认为，变量间相关系数如果超过 0.70，则说明变量区分不合理或存在共线性威胁，本章中变量间的相关系数绝对值，均小于 0.07。此外，各变量 AVE 的平方根即变量的聚合性均大于各变量之间的相关系数，表示变量间具有良好的区别效度。

表 6-10　描述性统计和相关分析

维度	BCT	BCSC	IOT	JO	PR	CC	NC	IOC	均值	标准差
BCT	**0.711**								4.81	0.95
BCSC	0.339**	**0.780**							4.62	0.96
IOT	0.450**	0.391**	**0.709**						4.56	0.76

续表

维度	BCT	BCSC	IOT	JO	PR	CC	NC	IOC	均值	标准差
JO	0.029	0.500 **	0.586 **	**0.752**					4.67	1.34
PR	0.144 *	0.043	0.004	−0.087	**0.687**				4.75	1.06
CC	0.215 **	0.232 **	0.125 **	0.192 **	0.023	**0.745**			4.47	1.36
NC	−0.033	0.008	−0.059	−0.018	−0.003	−0.015	**1.000**		3.71	1.61
IOC	0.553 **	0.526 **	0.498 **	0.419 **	0.196 **	0.294 **	−0.140 *	**0.803**	5.590	0.74

注: $N=285$, 表格对角线上的加粗数字为对应变量的平均方差萃取量的开根号值 ($\sqrt{\text{AVE}}$), 非对角线数字为变量间相关系数。** 表示 $p<0.05$, * 表示 $p<0.1$。

6.3.4　假设检验

6.3.4.1　直接效应检验

本章以区块链技术的分布式共识和自动可执行为自变量,以组织间协调为因变量,采用层次回归分析的方法进行假设检验。首先,将网络规模、伙伴关系质量、合同复杂性控制变量纳入回归方程中,以检验控制变量与因变量之间的作用关系。其次,在控制了网络规模、伙伴关系质量、合同复杂性三个控制变量的情况下,将分布式共识引入回归方程中,从而验证分布式共识与组织间协调的关系。再次,在模型 1 的基础上将自动可执行纳入回归方程中,验证自动可执行与组织间协调的关系。最后,为了检验组织间信任与组织间协调的关系,在模型 1 的基础将组织间信任纳入方程中,得出的分析结果如表 6-11 所示。

表 6-11　直接效应的回归分析结果

变量		组织间协调			
		Model 1	Model 2	Model 3	Model 4
控制变量	网络规模	−0.135 **	−0.120 *	−0.141 **	−0.109 **
	伙伴关系质量	0.190 **	0.176 ***	0.172 ***	0.189 ***
	合同复杂性	0.288 ***	0.215 ***	0.177 ***	0.231 ***
自变量	分布式共识		0.513 ***		
	自动可执行			0.478 ***	
中介变量	组织间信任				0.462 ***
调整的 R^2		0.132	0.390	0.348	0.341

变量	组织间协调			
	Model 1	Model 2	Model 3	Model 4
ΔR^2		0.258	0.216	0.209
F 值	15.377***	46.318***	38.870***	37.769***
N	285			

注：***表示 p<0.001，**表示 p<0.05，*表示 p<0.1。

表6-11 Model1 中，网络规模与因变量组织间协调呈负相关关系，$\beta = -0.135$，且在 0.05 水平上显著。伙伴关系可以促进组织间协调，$\beta = 0.190$，且在 0.05 水平上显著。合同复杂性与因变量组织间协调呈正相关关系，$\beta = 0.288$，且在 0.001 水平上显著。可以看出，本章选择的控制变量是合适的，需要对其进行控制以研究本章的理论模型。

Model2 在 Model1 基础上，对网络规模、伙伴关系质量、合同复杂性变量进行控制后，分布式共识与组织间协调呈正相关关系，回归系数 $\beta = 0.513$，且在 0.001 水平上显著，结果支持假设 H1a。Model3 验证了自动可执行与组织间协调的关系，结果显示，自动可执行的回归系数 $\beta = 0.478$，且均在 0.001 的水平上显著，表明自动可执行与组织间协调之间存在显著的正向关系，结果支持假设 1-11b。此外，Model4 验证了组织间信任与组织间协调之间的关系，从表中可以看出，组织间信任的回归系数 $\beta = 0.462$，且在 0.001 水平上显著，表明组织间信任对组织间协调有显著的正向影响，假设 H3 验证通过。

6.3.4.2 中介效应检验

本章试图探究区块链技术—组织间信任—组织间协调的作用路径。首先，检验自变量区块链技术与因变量组织间信任的直接效应系数 c 是否显著，表6-12 显示，分布式共识、自动可执行与组织间协调的直接效应显著。

其次，检验自变量分布式共识、自动可执行与中介变量组织间信任的系数 a 是否显著。Model6 验证分布式共识对组织间信任的影响，结果表明，将分布式共识纳入回归方程后，F 值为 18.397，且在 0.001 水平上显著，其中，R^2 为 0.197，说明分布式共识（$\beta = 0.440$，p<0.001）对组织间信任存在显著的正向影响，假设 H2a 通过验证。另外，Model7 验证了自动可执行对组织间信任的影响。从表中可以看出 Model7 的 F 值为 13.116，且在 0.001 水平显著，其中，

R^2 为 0.146，表明自动可执行（β=0.384，p<0.001）对组织间信任存在显著影响，假设 H2b 通过验证。

最后，将自变量和中介变量同时纳入模型中，检验其系数是否显著。表6-12 中的 Model10 数据显示，F 值为 48.805，且在 0.001 水平上显著，R^2 为 0.457，表明分布式共识和组织间信任一起解释了组织间协调 45.7% 的变异。同时可以看出，中介变量组织间信任（β=0.294，p<0.001）的回归系数显著，分布式共识的回归系数同样达到显著水平（β=0.384，p<0.001）。另外，Model11 表示，将控制变量纳入模型中后，组织间协调与自动可执行、组织间信任的回归结果。Model11 中数据显示，F 值为 45.683，且在 0.001 水平上显著，R^2 为 0.440，表明自动可执行和组织间信任一起解释了组织间协调 44.4% 的变异。同时可以看出，在此模型中中介变量组织间信任（β=0.333，p<0.001）的回归系数显著，自动可执行的回归系数同样达到显著水平（β=0.351，p<0.001）。

表6-12 组织间信任的中介作用

变量		组织间信任			组织间协调			
		Model5	Model 6	Model 7	Model 8	Model 9	Model 10	Model 11
控制变量	网络规模	-0.057	-0.043	-0.061	-0.135**	-0.109**	-0.107**	-0.120**
	伙伴关系	0.001	-0.010	-0.013	0.190**	0.189***	0.179***	0.176***
	合同复杂性	0.124*	0.061	0.035	0.288***	0.131***	0.197**	0.166**
自变量	分布式共识		0.440***				0.384***	
	自动可执行			0.384***				0.351***
中介变量	组织间信任				0.462***	0.294***	0.333***	
调整的 R^2		0.008	0.197	0.146	0.132	0.417	0.457	0.440
ΔR^2			0.189	0.138		0.285	0.040	0.023
F 值		1.794	18.397***	13.116***	15.377***	37.769***	48.805***	45.683***
样本		N=285						

注：*** 表示 p<0.001，** 表示 p<0.05，* 表示 p<0.1。

根据以上分析，将组织间信任中介变量纳入回归模型后，由 Model10 可知，自变量分布式共识与组织间协调之间的关系显著（β=0.384，p<0.001），此时的回归系数小于直接路径的回归系数（Model2，β=0.513，p<0.001），表明组织间信任在分布式共识与组织间协调之间存在部分中介效应，假设 H4a 部分通过验

证。同理可得，由 Model11 可知，自变量自动可执行与组织间协调之间的关系显著（β=0.351，p<0.001），且系数小于直接效应路径系数（Model3，β=0.478，p<0.001），表明组织间信任在自动可执行与组织间协调之间存在部分中介效应，假设 H4b 得到部分通过。

6.3.4.3　调节效应检验

为了检验调节效应，对自变量分布式共识、自动可执行、中介变量组织间信任和调节变量联合协作规划进行中心化处理，并将其相乘即分布式共识×联合协作规划、自动可执行×联合协作规划、组织间信任×联合协作规划得到交互项，通过交互项的系数方向及其显著性判断是否存在调节效应。将控制变量、分布式共识、自动可执行、组织间信任、联合协作规划以及分布式共识×联合协作规划、自动可执行×联合协作规划、组织间信任×联合协作规划放入 Model 12 至 Model 17，具体如表6-13所示。

表6-13　联合协作规划调节效应回归分析

变量		组织间协调					
		Model 12	Model 13	Model 14	Model 15	Model 16	Model 17
控制变量	网络规模	-0.120**	-0.137**	-0.141**	-0.154**	-0.109**	-0.122**
	伙伴关系质量	0.176***	0.194***	0.172***	0.190***	0.189***	0.198***
	合同复杂性	0.215***	0.172***	0.177***	0.159**	0.231***	0.178***
自变量	分布式共识	0.513***	0.392***				
	自动可执行			0.478***	0.367***		
中介变量	组织间信任					0.462***	0.323***
调节变量	联合协作规划		0.168**		0.186**		0.168**
	联合协作规划×分布式共识		0.200***				
	联合协作规划×自动可执行				0.122**		
	联合协作规划×组织间信任						0.159**
	调整的 R^2	0.390	0.453	0.348	0.392	0.341	0.381
	ΔR^2		0.063		0.044		0.040

续表

变量	组织间协调					
	Model 12	Model 13	Model 14	Model 15	Model 16	Model 17
F 值	46.318***	40.171***	38.870***	31.494***	37.769***	30.177***
样本	285					

注：***表示 p<0.001，**表示 p<0.05，*表示 p<0.1。

Model 13 验证了联合协作规划在分布式共识与组织间协调关系中的调节作用，可以看出，分布式共识与联合协作规划的交互项乘积对组织间协调具有显著正向影响（β=0.200，p<0.001）。同理，由 Model 15 可以得出，自动可执行与联合协作规划的交互项乘积对组织间协调具有显著正向影响（β=0.122，p<0.05）。Model 17 检验了联合协作规划在组织间信任与组织间协调之间的调节效应是否存在。由表 6-13 可知，组织间信任与联合协作规划交互项乘积的系数显著为正（β=0.159，p<0.05），表明联合协作规划在组织间信任与组织间协调的关系中起到积极的调节作用，即组织间联合协作规划级别越高，组织间信任对组织间协调的积极影响就越大，假设 H5 得到验证。

6.3.4.4　有调节的中介效应检验

在假设 H4a、4b 得到验证的基础上，有必要进一步验证联合协作规划在区块链技术和组织间协调之间是否存在调节效应，即中介效应是否受到了调节，也称有调节的中介效应检验。运用 SPSS 中 Process 程序对有调节的中介效应进行验证，计算调节变量的直接效应、间接效应及有调节的中介效应，通过回归系数的显著性、条件间接效果等判断有调节的中介效应是否存在。

（1）联合协作规划对组织间信任在分布式共识与组织间协调之间中介作用的中介调节效应检验。从表 6-14 的方程 1 可以看出，分布式共识对组织间信任存在显著的促进作用（β=0.353，p<0.001），其中，R^2=0.208，分布式共识可以解释 20.8%组织间信任的变异。从方程 2 中可以看出，分布式共识对组织间协调存在显著的促进作用（β=0.275，p<0.05），且这种促进关系受到组织间信任的调节（β=-0.390，p<0.001）。另外可以看出，联合协作规划对"分布式共识→组织间信任→组织间协调"的作用路径存在显著的调节效应（β=-0.126，p<0.001），说明联合协作规划对"分布式共识→组织间信任→组织间协调"存在正向调节作用，假设 H5a 得到验证。

表 6-14　有调节的中介效应

变量	方程 1（因变量：组织间信任）				方程 2（因变量：组织间协调）			
	β	se	t	p	β	se	t	p
常数	2.818	0.309	9.128	0.000	4.941	0.968	5.106	0.000
网络规模	-0.021	0.025	-0.815	0.416	-0.057	0.020	-2.858	0.005
伙伴关系	-0.008	0.038	0.195	0.845	0.130	0.030	4.299	0.000
合同复杂性	0.034	0.030	1.132	0.259	0.010	0.024	4.001	0.001
分布式共识	0.353	0.043	8.182	0.000	0.275	0.0472	7.021	0.060
组织间信任					-0.390	0.2345	-1.861	0.006
联合协作规划					-0.534	0.2202	-2.901	0.004
联合协作规划×组织间信任					0.126	0.040	3.1658	0.002
R²	0.208				0.488			
F	18.400***				37.731			

注：*** 表示 $p<0.001$，** 表示 $p<0.01$，* 表示 $p<0.05$，均为双侧。

进一步通过条件间接效果和组间差异进行验证，结果如表 6-15 所示。由表 6-15 可知，当组织之间的联合协作规划程度取低值 3.319 时，分布式共识通过组织间信任对组织间协调的影响的效应值为 0.010，在 95% 的 Bootstrap 置信区间为 [-0.092，0.107]，包含 0，此时组织间信任的中介效应不显著。当组织之间的联合协作规划程度取高值 6.007 时，分布式共识通过组织间信任对组织间协调影响的效应值为 0.130，在 95% 的 Bootstrap 置信区间为 [0.058，0.296]，不包含 0，可以看出，此时的中介效应显著。此外，联合协作规划在"分布式共识→组织间信任→组织间协调"中具有调节作用，假设 H6a 得到验证。

表 6-15　"分布式共识→组织间信任→组织间协调"的调节效应

结果类型	联合协作规划		间接效应值	标准误	BootStrap95%CI	
	状态	取值			上限	下限
有调节的中介效应	低值	3.319	0.010	0.050	-0.092	0.107
	均值	4.663	0.070	0.040	0.009	0.161
	高值	6.007	0.130	0.063	0.058	0.296

续表

结果类型	联合协作规划		间接效应值	标准误	BootStrap95%CI	
	状态	取值			上限	下限
组间差异	均值—低值		0.060	0.041	0.056	0.165
	高值—低值		0.120	0.082	0.011	0.330
	高值—均值		0.060	0.041	0.056	0.165
有调节的中介效应 index	效应值		0.045	0.030	0.004	0.123

（2）联合协作规划对组织间信任在自动可执行与组织间协调之间中介作用的调节效应检验。从表 6-16 的方程 1 可以看出，自动可执行对组织间信任存在显著的促进作用（$\beta = 0.303$，$p<0.001$），其中，$R^2 = 0.158$，自动可执行可以解释 15.8% 的变异。从方程 2 中可以看出，分布式共识对组织间协调存在显著的促进作用（$\beta = 0.241$，$p<0.001$），且这种促进关系受到组织间信任的影响。另外可以看出，联合协作规划对“自动可执行→组织间信任→组织间协调”的路径存在显著的调节效应（$\beta = 0.115$，$p<0.05$），说明联合协作规划对“自动可执行→组织间信任→组织间协调”存在正向调节，假设 H6b 得到验证。

表 6-16　自动可执行的有中介的调节

变量	方程 1（因变量：组织间信任）				方程 2（因变量：组织间协调）			
	β	se	t	p	β	se	t	p
常数	3.223	0.303	10.652	0.000	4.804	0.995	4.831	0.000
网络规模	-0.029	0.026	-1.117	0.265	-0.062	0.020	-3.040	0.003
伙伴关系	-0.010	0.040	-0.245	0.806	0.127	0.031	4.115	0.000
合同复杂性	0.020	0.032	0.621	0.535	0.083	0.025	3.357	0.001
自动可执行	0.303	0.045	6.798	0.000	0.241	0.040	6.025	0.000
组织间信任					-0.285	0.215	-1.327	0.186
联合协作规划					-0.488	0.188	-2.600	0.010
联合协作规划×组织间信任					0.115	0.041	2.799	0.006
R^2	0.158				0.467			
F	13.116***				34.652***			

注：***表示 $p<0.001$。

进一步通过条件间接效果和组间差异进行验证，结果如表 6-17 所示。由表

6-17 可知，当组织之间的联合协作规划程度取低值 3.319 时，自动可执行通过组织间信任对组织间协调的影响的效应值为 0.029，此时组织间信任的中介效应不显著。网络组织之间的联合协作规划程度为均值 4.663 时，自动可执行通过组织间信任对组织间协调的影响的效应值为 0.076，此时中介效应显著。另外，当组织之间的联合协作规划程度取高值 6.007 时，自动可执行通过组织间信任对组织间协调的影响的效应值为 0.122，此时的中介效应显著。可以看出，联合协作规划在"自动可执行→组织间信任→组织间协调"中具有调节作用，假设 H6b得到验证。

表 6-17   "自动可执行→组织间信任→组织间协调"的调节效应

结果类型	联合协作规划		间接效应值	标准误	BootStrap95%CI	
	状态	取值			上限	下限
有调节的中介效应	低值	3.319	0.029	0.047	-0.069	0.121
	均值	4.663	0.076	0.037	0.019	0.165
	高值	6.007	0.122	0.060	0.054	0.281

6.4   稳健性检验

6.4.1   直接效应的稳健性检验

考虑到组织间协调与新产品开发呈正相关关系（Tsou et al., 2019；Pomegbe et al., 2022），因此将新产品开发作为组织间协调的代理变量进行稳健性检验。表 6-18 的模型设定与表 6-12 类似。稳健性检验结果表明，区块链技术的分布式共识和自动可执行对新产品开发的作用机制与组织间协调的作用机制相同，作用系数的显著性与方向完全一致，其中，分布式共识对新产品开发具有显著正向影响（$\beta = 0.476$，$p < 0.001$），自动可执行对新产品开发同样具有显著正向影响（$\beta = 0.461$，$p < 0.001$），这表明，以组织间协调为因变量得出的主要结论稳健、可靠，进一步验证了区块链技术对组织间协调具有显著正向影响。

表 6-18 直接效应的稳健性检验

变量		新产品开发				组织间信任	
		Model 1	Model 2	Model 3	Model 4	Model 5	Model 6
控制变量	网络规模	-0.135**	-0.120**	-0.140**	-0.110**	-0.043	-0.061
	伙伴关系	0.192**	0.180***	0.174***	0.191***	-0.010	-0.013
	合同复杂性	0.274***	0.205***	0.167**	0.219***	0.061	0.035
自变量	分布式共识		0.476***			0.440***	
	自动可执行			0.461***			0.384***
中介变量	组织间信任				0.437***		
调整的 R^2		0.124	0.346	0.325	0.311	0.197	0.146
ΔR^2			0.222	0.201	0.187	0.189	0.138
F 值		14.425***	38.539***	35.184***	33.068***	18.397***	13.116
N		285					

注：*** 表示 $p<0.001$，** 表示 $p<0.05$，* 表示 $p<0.1$。

6.4.2 中介效应的稳健性检验

为了更准确地验证组织间信任在区块链技术与组织间协调之间的中介作用，本章采用 Process 中基于偏差矫正的 Bootstrap 法对理论模型中的中介效应进行稳健性检验，结果如表 6-19 所示。通过 Bootstrap 检验可以发现，组织间信任在分布式共识与组织间协调之间的效应值为 0.100，95% 置信区间为 [0.049，0.179]，不包含 0，表明组织间信任在分布式共识与组织间协调之间起到中介作用，其中，间接效应占总效应的 25.13%。组织间信任在自动可执行与组织间协调之间的效应值为 0.097，95% 置信区间为 [0.050，0.167]，不包含 0，表明组织间信任在自动可执行与组织间协调之间起到中介作用，其中，间接效应占总效应的 26.58%。Bootstrap 方法的检验结果与上述结果一致，表明假设 H4a、H4b 成立。

表 6-19 中介效应的 Bootstraop 方法估计结果

变量	分布式共识→组织间信任→组织间协调		自动可执行→组织间信任→组织间协调	
	总效应	间接效应	总效应	间接效应
效应值	0.398	0.100	0.365	0.097
标准误	0.036	0.032	0.038	0.030
置信区间	[0.326，0.469]	[0.049，0.179]	[0.291，0.439]	[0.050，0.167]

6.4.3 调节效应的稳健性检验

同样将新产品开发作为组织间协调的代理变量进行调节效应的稳健性检验。表 6-20 的模型设定与表 6-13 类似，结果显示，组织间信任与联合协作规划交互项乘积的系数显著为正（β=0.162，p<0.05），联合协作规划在组织间信任与新产品开发的关系中起到积极的调节作用，与组织间协调作为因变量的调节效应检验结果一致。稳健性检验表明，前文得出的结果具有较好的稳健性。

表 6-20　调节效应的稳健性检验

变量		新产品开发					
		Model12	Model13	Model14	Model15	Model16	Model17
控制变量	网络规模	-0.120**	-0.137**	-0.140**	-0.154**	-0.110**	-0.123**
	伙伴关系	0.180***	0.196***	0.174***	0.191***	0.191***	0.199***
	合同复杂性	0.205***	0.164**	0.167***	0.150**	0.219***	0.167**
自变量	分布式共识	0.476***	0.360***				
	自动可执行			0.461***	0.359***		
中介变量	组织间信任					0.437***	0.305***
调节变量	联合协作规划		0.162**		0.165**		0.155**
	联合协作规划×分布式共识		0.194***				
	联合协作规划×自动可执行				0.128**		
	联合协作规划×组织间信任						0.162**
调整的 R^2		0.346	0.404	0.325	0.364	0.311	0.349
ΔR^2			0.058		0.044		0.040
F 值		38.539***	33.105***	35.184***	28.121***	33.068***	26.387***
样本		285					

注：***表示 p<0.001，**表示 p<0.05，*表示 p<0.1。

进一步地，对联合协作规划对中介关系的调节作用进行稳健性检验（见表 6-21）。结果表明，当联合协作规划取低值 3.319 时，分布式共识通过组织间信任影响新产品开发的效应值是 0.010，BootStrap95% 的置信区间是 ［-0.105,

0.115］，包含 0；当联合协作规划取高值 6.007 时，分布式共识通过组织间信任影响新产品开发的效应值是 0.136，BootStrap95％的置信区间是［0.058，0.321］，不包含 0，表明联合协作规划在"分布式共识→组织间信任→新产品开发"中具有调节作用，结果与前文保持一致，结果具有稳健性。同理，联合协作规划对"自动可执行→组织间信任→新产品开发"的调节作用同样具有稳健性。

表 6-21　联合协作规划对中介关系的调节作用稳健性检验

中介类型	联合协作规划		效应值	标准误	BootStrap95％CI	
	状态	取值			上限	下限
分布式共识→组织间信任→新产品开发	低值	3.319	0.010	0.055	−0.105	0.115
	均值	4.663	0.073	0.043	0.004	0.174
	高值	6.007	0.136	0.068	0.058	0.321
自动可执行→组织间信任→新产品开发	低值	3.319	0.029	0.052	−0.083	0.128
	均值	4.663	0.077	0.039	0.015	0.169
	高值	6.007	0.125	0.061	0.057	0.293

6.5　结果与讨论

本章在区块链技术嵌入企业网络的背景下，以技术治理理论、网络治理理论和社会交换理论为基础，构建了区块链技术（分布式共识和自动可执行）、组织间信任、组织间协调的直接效应和中介效应模型，并研究联合协作规划所起的调节作用。通过对信息技术服务业、制造业、金融业等领域的企业网络为研究对象，获得 285 份有效样本，运用多元层次回归进行了实证分析，结果表明：

（1）区块链技术的分布式共识和自动可执行对组织间协调产生积极影响。企业网络拥有的区块链技术可以作为一种独特的治理资源，通过充分发挥其技术治理优势，即分布式共识和自动可执行，使在未经所有成员批准的情况下，任何组织都无法对网络信息进行更改或修改，从而提高组织之间信息的可见性和追溯性，实现多方合作伙伴之间的安全合作和交易。尽管网络中不同组织间的互动具有复杂性，且每个组织在目的、目标、能力和知识等方面存在巨大差异导致组织间协调存在困难，但区块链技术无须任何中介便可实现组织间可靠性和值得信赖的合作。区块链技术协调和控制组织间合作的流程，实现对组织间关系的管理，以分布式、自动化的方式实现组织间协调。

（2）组织间信任在区块链技术与组织间协调之间存在部分中介作用。权责明晰是组织间协调的根本目的，尽管企业网络的信任性质非常复杂，但区块链技术可以使整个企业网络增强信任。组织间信任长期以来被认为是促进协调的基本机制，该机制促进了组织间交流与沟通。区块链技术以经过身份验证的方式执行组织间交易，并基于不可变数据存储使其能够作为反映合作伙伴可信度的历史记录，从而促进组织间信任的建立。管理者应该认识到，数字化技术已经改变了关系在组织间活动中的主导地位，尤其是区块链技术可以促使不熟悉的组织快速建立信任关系，以实现组织间协调。

（3）揭示了联合协作规划对组织间协调的调节影响存在边界条件。结果表明，联合协作规划强化了组织间信任对组织间协调的直接作用，以及组织间信任在区块链技术与组织间协调之间的中介作用。联合协作规划是一种治理机制，各个组织通过相互交流和讨论，达成关于协同计划的共识，且可以对联合规划进行多次调整，以确保其满足所有合作中的伙伴动态需求。这种治理机制一方面作为一种控制机制降低合作潜在风险以促进协调，另一方面通过降低组织间交易成本并为价值共创活动提供激励措施以促进协调。本章研究发现，联合协作规划增强了合作伙伴对其合作流程进行协商与沟通的意愿，并且在处理复杂情况下的协调时，联合协作规划使组织之间具有较高程度的信任。在这种治理作用下，组织间信任对协调的推动作用会得到增强。因此，联合协作规划在组织间协调过程中起到了正向调节作用，即较高级别的联合协作规划强化了组织间信任对组织间协调的直接作用，以及组织间信任在区块链技术与组织间协调之间的中介作用。

6.6　本章小结

为了促进有效协调，企业网络引入新的技术手段，以促进组织之间的资源共享与协作沟通。本章研究了区块链技术的分布式共识、自动可执行对组织间协调的影响，组织间信任是否在区块链技术与组织间协调存在中介作用，并探讨了联合协作规划所起的调节作用，采用问卷调查法获取数据，对 285 个样本的数据进行分析，对本章所提出的理论模型进行了假设检验。表 6-22 对假设检验结果进行了汇总。本章的研究结果有助于企业网络正确认识区块链技术可以用于促进组织间协调，实现组织间的有效合作。

表 6-22　研究假设汇总

假设序号	内容	检验结果
H1a	区块链技术的分布式共识对组织间协调具有积极影响	支持
H1b	区块链技术的自动可执行对组织间协调具有积极影响	支持
H2a	区块链技术的分布式共识对组织间信任产生显著积极影响	支持
H2b	区块链技术的自动可执行对组织间信任产生显著积极影响	支持
H3	组织间信任对组织间协调产生显著正向影响	支持
H4a	组织间信任在分布式共识与组织间协调的关系中起到中介作用	部分支持
H4b	组织间信任在自动可执行与组织间协调的关系中起到中介作用	部分支持
H5	联合协作规划在组织间信任与组织间协调的关系中起调节作用，即组织间联合协作规划级别越高，组织间信任与组织间协调的关系越紧密	支持
H6a	联合协作规划加强了组织间信任在分散共识与组织间协调之间的中介作用，即组织间联合协作规划级别越高，组织间信任的中介效应越强	支持
H6b	联合协作规划加强了组织间信任在自动可执行与组织间协调之间的中介作用，即组织间联合协作规划级别越高，组织间信任的中介效应越强	支持

第7章 基于区块链技术的企业网络治理对策研究

随着数字技术和信息技术的应用渗透，企业网络打破时空限制实现组织之间的"价值链接"，成为数字社会主要的合作方式。但随着组织间合作的迅速发展，一些治理困境逐渐显现，特别是信息共享效率低、机会主义行为和协调障碍等难题成为制约企业网络稳健运行的因素。而区块链技术通过分布式账本创建一种具有高信任度和透明度的拓扑结构，依托分布式共识、自动可执行特征可以助力破解企业网络治理困境。本章在前文的基础上，从微观（合作企业）、中观（企业网络）、宏观（政府）三个层面（见图7-1）提出基于区块链技术的企业网络治理对策。

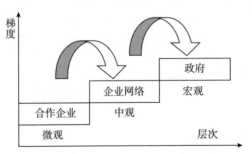

图7-1 基于区块链的企业网络治理对策思路

7.1 企业主动接受区块链技术

作为企业网络的主要构成要件，企业既是微观主体又是利益相关者，实现有效的企业网络治理，定然离不开微观层面企业的主动作为。企业应积极主动接受区块链技术，搭建安全高效的区块链信息共享平台，破解企业网络治理困境，助力于企业网络持续稳定发展。

7.1.1 企业应提升区块链技术能力

尽管企业对区块链技术越来越感兴趣，但有限的区块链技术专业知识和实践能力严重制约了其在企业网络中的推广与应用，从而影响企业网络治理效果。因此，企业可从技术环境适应能力与技术吸收能力两方面着手提升自身的区块链技术能力。

为有效提升企业的区块链技术能力，企业可做出以下努力：①企业高层管理者要积极了解区块链的技术特征、可用性以及兼容性，并将区块链技术纳入组织战略发展中。在企业中营造有利于区块链技术发展的组织文化环境，因为区块链技术的采用会改变组织当前的文化环境，且公司需要新的角色、职责和专业知识来支持区块链技术的应用，故需要对当前的组织文化进行调整以提升区块链技术的组织适应能力。调整组织政策以支持区块链技术发展。实行具有高度灵活性的导向政策，合理分配组织资源，缓和组织人员对区块链技术的抵制态度，从而为区块链技术提供良好的发展环境。②重视培养企业的区块链技术专业人才，建立人才培养机制。首先，可以招聘区块链技术知识和经验较为丰富的员工，并投入资源进行教育培训，重视专业人才的培养，定期组织员工培训，以期增强员工的区块链技术专业知识。其次，企业应加大对区块链技术的研发投入，改善区块链技术应用与发展的基础设施，增强区块链技术应用能力。最后，定期与合作企业或区块链企业进行专业知识的交流与学习，或者委派人员进行专业知识的学习。

7.1.2 企业应提高信息共享水平

在企业网络中构建基于区块链技术的信息共享平台，确保链中的所有网络成员可以获得经过验证的共识信息，且嵌入式智能合约可以促进和陌生企业之间的信息共享，同时降低共享风险。为了更好地促进信息共享，在基于区块链技术的企业网络信息共享中，作为共享主体的企业应积极参与区块链信息共享平台的建设、诚信自律、降低信息泄露风险，以提高信息共享水平。

为实现网络内企业之间信息共享，企业主体可以采取以下三种措施：①企业应积极参与区块链信息共享平台的建设，与网络主体共同规划实施方案与设计架构，并培养信息共享意识。此外，企业管理者应相信区块链平台通过具有高透明度和可追溯性的分散结构能够保证信息共享的安全性与真实性，并培养相关人才以促进信息共享的顺利进行。②企业要诚信自律，即提供信息的企业要保证共享信息的真实性。在加入基于区块链技术的信息共享平台时，系统可要求共享主体进行身份核验，并通过共识机制对提供的共享信息进行验证。另外，信息需求企业可对信息共享内容进行核对，当发现虚假信息时应积极举报，维护自身权益。③企业可通过签订信息保密协议降低信息泄露风险。在进行信息共享前，组织网络中的企业签订信息保密协议，并将协议编码为智能合约嵌入平台中。其中，保密范围包括公司在离开网络之前所共享的所有交易秘密、商业秘密、技术秘密以及生产秘密，并在协议中明确规定，原网络成员中的公司若故意泄露或利用其他公司秘密给其造成损失的，应当承担违约责任，包括保密费、经济补偿费、企业损失赔偿甚至刑事责任。

7.1.3 企业要有效约束自身行为

在企业网络中，大型和中小型网络成员都在考量区块链技术在生产和协作过程中的应用，尤其着重考虑利用区块链技术加强与合作伙伴在设计、生产、沟通等方面的合作。基于区块链技术的企业网络通过信息的可编码性、实时可用性以及合约自动执行可以帮助网络实现更高水平的稳定性，并有效约束与遏制企业的机会主义行为，降低合作风险。因此，为控制机会主义风险，身为企业网络的微观主体，企业不但需要积极主动上链，更需要有效约束自身行为，提高规则意识。

为有效控制机会主义风险，企业可以采取以下三种措施：①企业要主动接受和加入区块链网络，并积极参与区块链系统设计。企业管理者在决定是否加入区块链网络时，应对公司的资源、能力、文化等进行全面评估和了解，并对上链将带来的合作形式、治理手段、企业环境的改变进行明确且清晰的认知与预判，在理性判断的前提下加入区块链网络。此外，企业要积极参与区块链系统设计，通过集中研讨的形式对系统的组织结构、决策权、规则进行设计，以保障企业利益。②企业应加强自我约束。企业应严格遵守与合作伙伴之间签订的具有法律约束力的合约，通过法律来约束越轨行为，并应主动、善意地遵守彼此做出的约定和承诺，通过自我强制和社会制裁来抑制由自利驱动的机会主义行为。③企业需要对区块链网络运营进行维护。企业可定期对区块链系统进行检查与维护或将运营维护外包给技术能力高的第三方区块链公司，以防止违规企业恶意利用安全漏洞。

7.1.4　企业需培育组织协调能力

数字技术的发展尤其是区块链技术的出现促进了跨组织边界的协调。基于区块链技术的企业网络通过信息的可见性和追溯性以及增强的组织间信任实现多方合作伙伴之间的安全合作和交易。因此，为进一步促进组织间协调，企业可通过高质量发展区块链技术、选择可靠和兼容的合作伙伴以及建立健全协调机制培育企业协调能力。

为解决协调障碍，企业需要培育组织协调能力，具体可以采取以下三种措施：①高质量发展区块链技术。企业要意识到区块链技术协调的潜力，增加对区块链技术基础设施的投资，积极抢占区块链技术创新发展与创新高地。②选择可靠和兼容的合作伙伴。企业可通过建立合作伙伴评价标准，对潜在合作伙伴的技术水平、业务能力、资源等进行综合评价与分析，选择与本企业兼容程度高且可靠的合作者。此外，企业可以通过长期合作合同以维持合作关系的长久性，并建立稳定的合作互动模式。③建立健全协调机制。企业应健全组织沟通机制，例如，通过搭建跨组织信息交流平台、实时更新门户网站、定期举行会议或视频会议等方式实现信息的动态更新并维护协调行动。企业可建立联审制度，通过召开专题会议、不定期会议等方式共同商讨重大合作事项，并商讨项目发展中存在的重大问题，提出问题解决方案。此外，企业还可建立督办制度，对合作项目的协调推进情况进行督查督办，力求将各项方案执行到位。

7.2　企业网络积极部署区块链

作为企业间合作的组织形式，企业网络积极主动部署区块链技术，并通过积极搭建区块链信息共享平台、有效布局区块链治理与传统治理、重视基于区块链技术的组织间协调，破解企业网络治理困境，助力于企业网络持续稳定发展。

7.2.1　积极搭建区块链信息共享平台

提高企业间的信息共享水平，除要提高企业自身的安全防御投入，还需要构建互联互通、安全高效的信息共享平台，这是实现企业之间的共享信息的重要途径。尤其是区块链技术能够为企业网络提供共治共管能力，可以在第三方中介机构或核心管理者不介入的情况下，实现企业之间共享信息并同步执行协议。为此，企业网络要积极搭建以区块链技术为基础的信息共享平台，为组织间合作保驾护航，并推动信息存储、信息交互、隐私保护等信息能力的提升，从而实现组织间合作模式创新。

在搭建安全高效的区块链信息共享平台方面，可以采取以下三种措施：①由网络内核心企业积极推动搭建基于区块链技术的信息共享平台，通过跨组织合作项目逐步带动信息共享平台在网络内的推广应用。反过来，随着网络成员积极加入信息共享平台，将促进整个网络的互联互通、信息汇聚与信息交互，从而助推基于区块链技术的信息共享平台的建设与完善，为实现网络内各方之间信息和知识的持续流动提供基础设施。若企业网络内没有处于绝对领导地位的核心企业，可由 NAO 或多家企业牵头共同组建基于区块链技术的信息共享平台，共同设计应用架构、定义共享规范。②企业网络主体应积极对基于区块链技术的信息共享平台的应用架构进行前期规划，根据网络结构特征、信息共享内容、实际技术条件等现实需求合理准确匹配拟搭建的信息共享平台架构。此外在信息共享平台的应用架构搭建设计的基础上，对企业间的信息共享流程进行合理设计，界定各方责任与义务，严格遵守规则并按流程进行信息共享。③企业网络要充分利用并创新智能合约机制，适配共享需求，以提高企业信息共享意愿。企业网络可以提前将预存定金合约、声誉激励合约、惩罚合约、利益分配合约等以计算机编码的形式嵌入网络中并要求企业签署，通过自动可执行的特性约束企业违规行为，从而提高企业共享信息的初始意愿。此外，网络管理者可以不断地完善信息共享系统，并根据共享需求设计合理的激励机制，以提高企业的信息共享意愿。

7.2.2 有效布局区块链治理与传统治理

随着区块链技术等数字技术的广泛应用，越来越多的企业需要在数字技术上进行投资。当企业网络采用区块链进行组织间合作交易，那么不加入区块链的合作伙伴则具有合作劣势。一旦区块链嵌入企业网络，必然会影响企业的各个方面，尤其是网络治理方式。因此，面对数字技术尤其是区块链技术带来的机遇与挑战，企业网络不但需要充分重视区块链治理的作用，鼓励与说服更多的合作伙伴上链，更需要依据治理需求，平衡区块链治理与传统治理，合理设计治理结构以降低机会主义风险，实现组织间协作顺利进行。

在有效布局区块链治理和传统治理方面，可以采取以下三种措施：①合作任务中的责任、流程和目标可被明确界定时实施区块链治理。具体而言，此时合作任务往往是相对静态和常规化的，且协调需求不确定性低，可以较为容易地进行算法编码并实现自动化执行，此时使用区块链治理的成本远低于契约治理。也就是说，约束机会主义行为不仅可以依靠法律和关系，还可以依靠区块链治理手段。因此，网络管理者应该认识到数字技术尤其是区块链技术可能已经改变了契约和关系在组织间活动中的主导地位，区块链技术可能是一种更有效的治理替代手段。②在需要快速达成信任的企业网络活动中实施区块链治理，如供应链中的临时项目（Dubey et al.，2022）。具体来说，对于重大且烦琐的合作项目来说，相较于规范等关系治理，区块链治理是一种更为有效的治理手段。相较于关系治理中发展出来的组织间信任而言，实施区块链治理带来的可信度信号可以帮助企业更为快速有效地与多个合作者建立信任，极大地降低网络管理成本。③企业网络在设计治理手段时应考虑各种手段的组合效应。由第 4 章可知，同时使用区块链治理和契约治理会导致组织机会主义行为风险增加，而区块链治理和关系治理的同时使用则会产生递增的边际收益。因此，在高度正式化且契约治理占主导地位的网络关系中，应减少区块链治理的使用；而在具有高关系规范的企业网络中，应增加区块链治理的使用。此外，区块链技术和关系治理的兼容性较差，因此，企业网络应该将区块链投资视为战略性和长期性的投资。

7.2.3　重视基于区块链技术的组织间协调

为了促进有效协调，企业网络引入新的技术手段，即区块链技术，以促进参与组织之间的资源共享与协作沟通。因此，企业网络要将区块链技术视为改善网络协调的战略资源，重视区块链技术、组织间信任、联合协作规划在协调中的作用。

在利用区块链技术促进组织间协调方面，可以采取以下三种措施：①企业网络要着重发展区块链技术，提高网络的区块链技术协调能力。区块链技术可通过其分布式共识和自动可执行的技术能力实现合作伙伴之间的协调。因此，可在企业间合作项目中将区块链技术作为协调工具，实现企业之间实时有效的沟通与交流。鉴于只有当足够数量的网络成员上链时，区块链技术促进网络协调的优势才能充分释放，因此，应鼓励与说服更多的合作伙伴加入区块链网络，从而构建协调高效的企业网络。②企业网络可通过区块链技术激发组织间信任，促进跨组织合作项目的顺利进行。③构建基于区块链技术的网络协调中心，加强企业间的联合协作规划强度。企业网络可利用区块链技术构建网络协调中心，用于平衡和解决组织间协调过程中的冲突与矛盾。协调中心通过区块链网络为成员提供服务，并基于区块链网络为企业之间的业务协调、任务协调提供共识数据和流程规划，自动执行合约。另外，要规范组织间的联合协作规划流程，并就协作过程中所需的能力、资源进行积极的沟通。具体而言，管理者应在联合协作规划的第一步即协作安排阶段，指定明确的合作程序，并界定和监控合作各方对合作的贡献量，提出分歧解决方案，此阶段要创建一套共享的规则、程序。管理者在联合协作规划的第二步即联合业务阶段，确定并规划合作计划中的核心项目类别，并对合作流程进行详细分析。

7.3 政府引导企业网络应用区块链

无论是企业生存与发展还是企业网络运行与治理，都必然嵌入在国家与社会的大背景之中，企业网络治理离不开政府的"有形之手"。由前文结论可知，区块链技术能够助力破解网络治理难题，但多种原因致使企业网络实施区块链治理的动机不足。因此，政府应积极引导企业网络实施区块链治理，通过构筑有效的区块链技术激励制度、加大区块链研发补助制度、完善区块链人才培养制度，助力企业网络破解治理困境。

7.3.1 政府要强化对企业网络应用区块链技术的激励机制

为促进更多企业网络采用区块链技术实现网络治理优化，在遏制机会主义、促进组织间协调、实现信息共享等治理目标下，政府应出台有关激励政策，找到区块链技术破解网络治理困境的耦合点。

在强化激励制度方面，政府可以采取以下三种措施：①政府出台物质激励、精神激励政策等，激励企业网络积极引入区块链技术，并将原先的现金激励转化为区块链网络内的数字货币激励，对于贡献度高的企业，可以颁发区块链证书，作为对利用区块链技术对企业网络做出卓越贡献的奖励，从而形成基于区块链技术的组织间协作激励氛围。②政府可以采用监管手段，对于违反合约与规则等的机会主义行为予以警告与处罚，并通过现金惩罚、声誉惩罚等措施遏制企业网络内的机会主义行为。对于情节严重的违规企业，可通过区块链网络进行全网通告，在一定程度上威慑企业的违规行为。③政府可以开展"产业区块链治理应用奖项评选"活动，并设置一定的奖励与补助，以此持续推动社会各界对区块链技术在治理应用方面的关注。通过评定工作，可实时掌握区块链治理应用的发展进程，便于挖掘优秀和有价值的区块链治理案例，以通过案例学习进一步推进区块链在企业网络治理领域的应用与发展，破解网络治理困境。

7.3.2　政府需加大对企业的研发补助力度

为促进区块链技术更好地助力企业网络治理，政府需要有选择、有重点地加大对企业网络实施区块链技术研发补助力度，以夯实区块链技术的应用基础，促使区块链技术助力企业网络治理良性有序发展。

具体而言有以下三种：①各省市级政府可以安排专项专款资金，对应用区块链技术的企业网络进行引导性补贴，对申请区块链创新专利技术的网络成员进行创新专利补贴。此外，政府还可对企业级、网络级的重大区块链治理应用项目给予配套资金，并派专人对项目进行实时监管。②支持区块链信息共享平台建设，搭建网络组织内的区块链智囊团或科研机构，重视并协助企业网络在治理领域进行区块链战略部署，加大科研投入力度。③制定数字技术应用政策，鼓励配套产业发展，加强当地的区块链基础设施建设。针对有潜力的治理场景采取融资形式来增加投入，避免区块链技术的应用因资金不足而停滞不前，促进区块链技术相关配套产业的发展。

7.3.3　政府应完善企业网络的区块链技术人才培养制度

基于区块链技术的企业网络治理效果，必须由具有先进技术、理念先进、专业知识扎实的人才队伍来保障。因此，企业网络要加大对区块链专业技术人才、技术管理人才的引进和培养力度，建立并完善人才引进与培养制度，推动全国性的区块链产业研究院的成立与发展，鼓励高校开设相关专业，并对区块链技术开发、区块链场景应用方面的高层次管理人员进行重点培养。

在完善企业网络的区块链人才培养制度方面，政府可以采取以下三种措施：①鼓励企业网络成员积极与高校、政府、科研机构进行政产学研合作，联合举办相关专题培训班，并建立学以致用的实训基地。此外，还可举办区块链技术创新治理实践与应用系列大赛，秉承"以网络治理需求为导向，以区块链技术为手段"的理念，旨在通过竞赛的方式提高相关人员的创新与实践能力，并推动区块链的治理实践发展。②规范区块链人才培养，开发契合企业网络特点的"区块链+企业网络治理"课程体系。政府与高校应在充分调研企业治理需求的基础上，开发满足企业网络治理需求与区块链技术实践人才需求的具有先进理念的课程体系。基础性课程应包含区块链技术专业知识、企业网络专业知识以及两者的应用，而核心课程应包含区块链技术与企业网络治理的社会实践内容。③营造更好的环境支持企业区块链技术人才成长，并着重培养以区块链技术为手段破解网络治理难题的复合型管理人才。政府应创造更多的与区块链治理有关的就业岗位，以吸纳优秀区块链技术人才积极就业。并对优秀的区块链技术人才进行奖励，如发放津贴补助。

7.4 本章小结

本章基于技术治理理论和网络治理理论，针对区块链技术条件下企业网络治理的困境与机遇，根据前文结论，从企业、企业网络和政府层面分别提出了基于区块链技术的企业网络治理对策，以期破解企业网络治理困境，从而推动区块链技术在企业网络中的应用发展。

第8章 结论与展望

8.1 主要结论

本书以网络治理理论为基础，结合技术治理理论、信息共享理论、交易成本理论、社会交换理论等，对区块链技术下企业网络治理这一问题开展研究，为破解企业网络治理难题与困境提供思路与方法参考。本书的主要工作和结论如下：

（1）厘清了企业网络治理的现实困境，并提出了破解策略。本书着眼于企业网络治理中面临的现实问题，对制约企业网络运行的治理困境进行分析和总结，并以网络治理理论为基础，以技术治理理论为指导思想，提出了区块链技术作用于企业网络治理的实现机理。具体而言，首先，基于理论归因、实践归纳、典型事实指出机会主义风险、协调障碍和信息共享不足是当前制约企业网络发展的主要难题，亟须引入新的技术手段突破治理桎梏。其次，对区块链技术特征及其价值发挥场景进行归纳与总结。最后，在厘清区块链技术破解企业网络治理难题的内在逻辑基础上，具体分析区块链技术破解企业网络治理困境的机理，即区块链对机会主义行为的作用机理分析、区块链技术实现组织间有效协调的机理分析，以及区块链技术优化组织间信息共享的机理分析。

（2）构建基于区块链的信息共享框架，并识别了企业信息共享的影响因素。企业网络内各个参与主体掌握的信息具有典型的不对称特点，且参与主体各自拥有的独立的信息管理方式和系统使信息共享难度大、数据要素难以流通，组织间容易形成割裂的"信息孤岛"。因此，为实现组织间的信息共享、促进数据流动，本书引入区块链技术并构建基于区块链技术的信息共享框架，厘清区块链技术助力于破解组织间信息共享难题的逻辑。在此基础上运用三方演化博弈模型分析信息共享主体与 NAO 之间的策略选择，识别影响三方策略选择的因素。研究结果表明，当信息共享一方选择信息共享或信息不共享策略时，另一方也会选择同样的策略；当 NAO 选择严格监管策略时，企业倾向于选择信息共享策略；当企业选择信息共享时，NAO 倾向于选择宽松监管策略。通过模拟仿真发现，初始意愿、信息共享风险系数、信息共享量、共享成本、声誉激励、预存定金、惩罚系数是影响博弈主体策略选择的关键因素，而激励系数仅影响策略稳定速度而不会改变策略选择。

（3）探究区块链技术遏制组织间机会主义行为的作用机理。机会主义行为治理是实现企业网络长期稳定发展的关键所在。为了有效遏制机会主义行为，本书构建了区块链技术（分布式共识和自动可执行）和治理机制（契约治理和关系治理）的交互效应模型，以分析两者以何种互动方式影响网络中组织间的机会主义行为。研究发现，首先，区块链技术和治理机制对网络内机会主义行为均具有较强的抑制作用。其次，区块链技术的自动可执行和契约治理在抑制组织间机会主义行为方面可以相互替代，而区块链技术的分布式共识与关系治理在治理机会主义行为方面可以互补协同。最后，相对重要性分析表明，区块链技术在抑制机会主义方面发挥着强于治理机制的作用。该结论有助于企业网络正确认识区块链技术和治理机制的相对价值及二者对网络治理的差异化影响，从而为企业网络有意识地选择恰当的治理手段和治理路径提供借鉴。

（4）厘清区块链技术对组织间协调的影响机理。为了促进有效协调，本书引入区块链技术治理手段，以促进组织之间的资源共享与协作沟通。本书构建了区块链技术的分布式共识、自动可执行与组织间协调的直接效用模型，以及组织间信任的中介效应模型，并在此基础上探讨了联合协作规划的调节作用。针对提出的假设展开实证研究，并得出以下研究结论：区块链技术的分布式共识和自动可执行对组织间协调产生积极影响；组织间信任在区块链技术与协调之间具有部分中介作用；联合协作规划对组织间协调的调节影响存在边界条件，即联合协作规划强化了组织间信任对协调的直接作用，以及组织间信任在区块链技术与组织间协调之间的中介作用。

（5）提出基于区块链技术的企业网络治理策略。基于前文的理论研究与实证分析结果，从微观（企业）、中观（企业网络）、宏观（政府）三个不同层面提出基于区块链技术的企业网络治理对策。微观层面，企业应从提升区块链技术能力、提高企业信息共享水平、有效约束自身行为以及培育组织协调能力四个方面促使企业主动接受区块链技术。中观层面，企业网络可以通过积极搭建区块链信息共享平台、有效布局区块链治理与传统治理、重视基于区块链技术的组织间协调，推动企业网络积极有效布局区块链技术。宏观层面，可通过强化对企业网络应用区块链技术的激励机制、加大对企业的研发补助力度、完善企业网络的区块链技术人才培养制度，引导企业网络应用区块链技术。

8.2　研究局限与未来展望

本书的研究设计及论证过程还存在一定的局限性，需要在后续研究中不断深入完善。本书的不足之处及未来可能的研究方向具体如下：

（1）本书采用横断面分析方法，所收集的数据仅是某一时点的截面静态数据，对于区块链技术应用对机会主义行为、组织间协调的长期影响难以验证。另外，本书从分布式共识与自动可执行两个维度对区块链技术进行测量，并未考虑区块链技术在企业网络中的应用程度。随着区块链技术应用发展的逐渐成熟，未来研究可以分为浅层应用和深度应用，以更好地反映区块链技术的治理能力。

（2）本书囿于研究篇幅，仅选取信息共享、机会主义行为以及组织间协调三个目前较为紧迫的企业网络治理困境，其余治理困境如监督不易、追责难、合作者权益保护、诚信机制构建、网络权力配置等问题，需要在后续研究中进一步破解，以实现全方位的网络治理，助推网络治理理论的创新发展。

（3）本书的样本选择范围存在不足。本书的研究内容为区块链技术对企业网络治理的影响，理应以企业网络为研究对象，并对此网络中所有的合作企业进行调研。然而，囿于现实调研条件，无法实现对整个企业网络的覆盖，因此只能选择隶属于不同企业网络的组织进行调研。此外，调研对象涵盖全国 23 个省、4 个直辖区及 5 个自治区，样本来源广泛，但各个城市的经济发展情况、政策扶持力度以及区块链技术应用程度存在较大差异，导致样本企业的技术资源、行为特征及合作过程也存在一定的差异性，未来可进一步细分样本。

参考文献

[1] Abbas Y. , Martinetti A. , Moerman J. J. , et al. Do you have confidence in how your rolling stock has been maintained? A blockchain-led knowledge-sharing platform for building trust between stakeholders [J]. International Journal of Information Management, 2020 (55): 102228.

[2] Aggarwal V. A. , Siggelkow N. , Singh H. Governing collaborative activity: Interdependence and the impact of coordination and exploration [J]. Strategic Management Journal, 2011, 32 (7): 705-730.

[3] Agrawal A. , Cockburn I. , Zhang L. Deals not done: Sources of failure in the market for ideas [J]. Strategic Management Journal, 2015 (36): 976-986.

[4] Akhavan P. , Namvar M. The mediating role of blockchain technology in improvement of knowledge sharing for supply chain management [J]. Management Decision, 2022, 60 (3): 784-805.

[5] Alter C. , Hage J. Organizations Working Together [M]. Califrornia: Sage Publications, 1993.

[6] Badi S. , Ochieng E. , Nasaj M. , et al. Technological, organizational and environmental determinants of smart contracts adoption: UK construction sector viewpoint [J]. Construction Management and Economics, 2021, 39 (1): 36-54.

[7] Bai C. , Sarkis J. A supply chain transparency and sustainability technology appraisal model for blockchain technology [J]. International Journal of Production Research, 2020, 58 (7): 2142-2162.

[8] Baker W. , Nohria N. , Eccles R. G. The network organization in theory and practice [J]. Classics of Organization Theory, 1992 (8): 401.

［9］ Bakker R. M. Stepping in and stepping out: Strategic alliance partner reconfiguration and the unplanned termination of complex projects ［J］. Strategic Management Journal, 2016, 37 (9): 1919-1941.

［10］ Barbic F. , Hidalgo A. , Cagliano R. Governance dynamics in multi-partner R&D alliances: Integrating the control and coordination perspectives ［J］. Baltic Journal of Management, 2016, 11 (4): 405-429.

［11］ Beck R. , Müller-Bloch C. , King J. L. Governance in the blockchain economy: A framework and research agenda ［J］. Journal of the Association for Information Systems, 2018, 19 (10): 1020-1034.

［12］ Blau P. M. Exchange and power in social life ［M］. New York: Routledge, 2017.

［13］ Bodkhe U. , Mehta D. , Tanwar S. , et al. A survey on decentralized consensus mechanisms for cyber physical systems ［J］. IEEE Access, 2020 (8): 54371-54401.

［14］ Brookbanks M. , Parry G. The impact of a blockchain platform on trust in established relationships: A case study of wine supply chains ［J］. Supply Chain Management: An International Journal, 2022, 27 (7): 128-146.

［15］ Busco C. , Giovannoni E. , Scapens R. W. Managing the tensions in integrating global organisations: The role of performance management systems ［J］. Management Accounting Research, 2008, 19 (2): 103-125.

［16］ Böhme R. , Christin N. , Edelman B. Bitcoin: Economics, technology, and governance ［J］. Journal of Economic Perspectives, 2015, 29 (2): 213-238.

［17］ Cao Z. , Lumineau F. Revisiting the interplay between contractual and relational governance: A qualitative and meta-analytic investigation ［J］. Journal of Operations Management, 2015, 34 (1), 15-42.

［18］ Capaldo A. Network governance: A cross-level study of social mechanisms, knowledge benefits, and strategic outcomes in joint-design alliances ［J］. Industrial Marketing Management, 2014, 43 (4): 685-703.

［19］ Carree M. , Lokshin B. , Belderbos R. A note on testing for complementarity and substitutability in the case of multiple practices ［J］. Journal of Productivity Analysis, 2011, 35 (3): 263-269.

［20］ Carson S. J. , Madhok A. , Wu T. Uncertainty, opportunism, and governance: The effects of volatility and ambiguity on formal and relational contracting [J]. Academy of Management Journal, 2006, 49 (5): 1058-1077.

[21] Chang Y., Iakovou E., Shi W. Blockchain in global supply chains and cross border trade: A critical synthesis of the state-of-the-art, challenges and opportunities [J]. International Journal of Production Research, 2020, 58 (7): 2082-2099.

[22] Chen P. K., He Q. R., Chu S. Influence of blockchain and smart contracts on partners' trust, visibility, competitiveness, and environmental performance in manufacturing supply chains [J]. Journal of Business Economics and Management, 2022, 23 (4), 754-772.

[23] Chen R. R., Chen K., Ou C. X. J. Facilitating interorganizational trust in strategic alliances by leveraging blockchain-based systems: Case studies of two eastern banks [J]. International Journal of Information Management, 2023 (68): 102521.

[24] Chen W., Botchie D., Braganza A., et al. A transaction cost perspective on blockchain governance in global value chains [J]. Strategic Change, 2022, 31 (1): 75-87.

[25] Cheng H. C., Chen M., Mao C. The evolutionary process and collaboration in supply chains [J]. Journal of Industrial Management & Data Systems, 2010, 110 (3): 453-474.

[26] Chhotray V., Stoker G. Governance: From theory to practice [M]. London: Palgrave Macmillan, 2009.

[27] Chod J., Trichakis N., Tsoukalas G., et al. On the financing benefits of supply chain transparency and blockchain adoption [J]. Management Science, 2020, 66 (10): 4378-4396.

[28] Chwe M. Rational ritual: Culture, coordination, and common knowledge [M]. Princeton: Princeton University Press, 2001.

[29] Clemens B. W., Douglas T. J. Understanding strategic responses to institutional pressures [J]. Journal of Business Research, 2005, 58 (9): 1205-1213.

[30] Clemons E. K., Reddi S. P., Row M. C. The impact of information technology on the organization of economic activity: The "move to the middle" hypothesis [J]. Journal of Management Information Systems, 1993, 10 (2): 9-35.

[31] Coase R. H. The nature of the firm [M]. London: Palgrave, 1995.

［32］Constant D. , Kiesler S. , Sproull L. What's mine is ours, or is it? A study of attitudes about information sharing ［J］. Information Systems Research, 1994, 5（4）: 400-421.

［33］Constant D. , Kiesler S. , Sproull L. What's mine is ours, or is it? A study of attitudes about information sharing ［J］. Information Systems Research, 1994, 5（4）: 400-421.

［34］James M. Crick, Crick D. The dark-side of coopetition: influences on the paradoxical forces of cooperativeness and competitiveness across product-market strategies ［J］. Journal of Business Research, 2021（122）: 226-240.

［35］Das T. K. , Rahman N. Determinants of partner opportunism in strategic alliances: A conceptual framework ［J］. Journal of Business and Psychology, 2010, 25（1）: 55-74.

［36］Das T. K. , Teng B. S. Alliance constellations: A social exchange perspective ［J］. Academy of, Management Review, 2002, 27（3）: 445-456.

［37］Davidson S. , De Filippi P. , Potts J. Blockchains and the economic institutions of capitalism ［J］. Journal of Institutional Economics, 2018, 14（4）: 639-658.

［38］Debabrata G. , Albert T. A framework for implementing blockchain technologies to improve supply chain performance ［EB/OL］. https: //www. semanticsholar. org.

［39］Dekker H. C. Control of inter-organizational relationships: Evidence on appropriation concerns and coordination requirements ［J］. Accounting, Organizations and Society, 2004, 29（1）: 27-49.

［40］Devine A. , Jabbar A. , Kimmitt J. , et al. Conceptualising a social business blockchain: the coexistence of social and economic logics ［J］. Technological Forecasting and Social Change, 2021（172）: 120997.

［41］Dubey R. , Gunasekaran A. , Foropon C. R. H. Improving information alignment and coordination in humanitarian supply chain through blockchain technology ［J］. Journal of Enterprise Information Management, 2022, 37（3）: 805-827.

［42］Dwivedi S. K. , Amin R. , Vollala S. Blockchain based secured information sharing protocol in supply chain management system with key distribution mechanism ［J］. Journal of Information Security and Applications, 2020（54）: 102554.

［43］Dyer J. H. , Singh H. The relational view: Cooperative strategy and sources of interorganizational competitive advantage [J]. Academy of Management Review, 1998, 23 (4): 660-679.

[44] Eckerd S., Sweeney K. The role of dependence and information sharing on governance decisions regarding conflict [J]. The International Journal of Logistics Management, 2018, 29 (1): 409-434.

[45] Emerson R. M. Social psychology: Sociological perspectives [M]. New York: Routledge, 1981.

[46] Falcone E. C., Steelman Z. R., Aloysius J. A. Understanding managers' reactions to blockchain technologies in the supply chain: The reliable and unbiased software agent [J]. Journal of Business Logistics, 2021, 42 (1): 25-45.

[47] Fedorowicz J., Sawyer S., Tomasino A. Governance configurations for inter-organizational coordination: A study of public safety networks [J]. Journal of Information Technology, 2018, 33 (4): 326-344.

[48] Frizzo-Barker J., Chow-White P. A., Adams P. R., et al. Blockchain as a disruptive technology for business: A systematic review [J]. International Journal of Information Management, 2020 (51): 102029.

[49] Ganesh M., Raghunathan S., Rajendran C. The value of information sharing in a multi-product, multi-level supply chain: Impact of product substitution, demand correlation, and partial information sharing [J]. Decision Support Systems, 2014 (58): 79-94.

[50] Gaski J. F. The theory of power and conflict in channels of distribution [J]. Journal of Marketing, 1984, 48 (3): 9-29.

[51] Gaur A. S., Mukherjee D., Gaur S. S., et al. Environmental and firm level influences on inter-organizational trust and SME performance [J]. Journal of Management Studies, 2011, 48 (8): 1752-1781.

[52] Gaur V., Gaiha A. Building a transparent supply chain blockchain can enhance trust, efficiency, and speed [J]. Harvard Business Review, 2020, 98 (3): 94-103.

[53] Goerzen A. Alliance networks and firm performance: The impact of repeated partnerships [J]. Strategic Management Journal, 2007, 28 (5): 487-509.

[54] Gopalakrishnan S., Matta M., Cavusoglu H. The dark side of technological

modularity: Opportunistic information hiding during interorganizational system adoption [J]. Information Systems Research, 2022, 33 (3): 1072-1092.

[55] Grandori A. , Soda G. Inter-firm networks: Antecedents, mechanisms and forms [J]. Organization Studies, 1995, 16 (2): 183-214.

[56] Granovetter M. Problems of explanation in economic sociology [J]. Networks and Organizations: Structure, Form, and Action, 1992 (2): 25-56.

[57] Gulati R. , Singh H. The architecture of cooperation: Managing coordination costs and appropriation concerns in strategic alliances [J]. Administrative Science Quarterly, 1998, 43 (4): 781-814.

[58] Gulati R. , Wohlgezogen F. , Zhelyazkov P. The two facets of collaboration: Cooperation and coordination in strategic alliances [J]. Academy of Management Annals, 2012, 6 (1): 531-583.

[59] Gurcaylilar-Yenidogan T. How to reduce coordination failure in option-dated forward contracts: The compensatory role of relational governance [J]. The Service Industries Journal, 2017, 37 (9-10): 567-588.

[60] Hadaya P. , Cassivi L. Joint collaborative planning as a governance mechanism to strengthen the chain of it value co-creation [J]. The Journal of Strategic Information Systems, 2012, 21 (3): 182-200.

[61] Hair J. F. , Risher J. J. , Sarstedt M. , et al. When to use and how to report the results of pls-sem [J]. European Business Review, 2019, 31 (1): 2-24.

[62] Hair Jr J. F. , Sarstedt M. , Hopkins L. , et al. Partial least squares structural equation modeling (PLS-SEM): An emerging tool in business research [J]. European Business Review, 2014, 26 (2): 106-121.

[63] Handley S. M. , Angst C. M. The impact of culture on the relationship between governance and opportunism in outsourcing relationships [J]. Strategic Management Journal, 2015, 36 (9): 1412-1434.

[64] Hanisch M. , Theodosiadis V. , Teixeira F. Digital governance: How blockchain technologies revolutionize the governance of Interorganizational relationships [R]. Groningen Digital Business Centre, 2021.

[65] Harrison D. , Munksgaard K. B. , Prenkert F. Coordinating activity interdependencies in the contemporary economy: The principle of distributed control [J].

British Journal of Management, 2022, 34 (3): 1488-1509.

[66] Hoang H., Rothaermel F. T. The effect of general and partner-specific alliance experience on joint R&D project performance [J]. Academy of Management Journal, 2005, 48 (2): 332-345.

[67] Hoetker G., Mellewigt T. Choice and performance of governance mechanisms: Matching alliance governance to asset type [J]. Strategic Management Journal, 2009, 30 (10): 1025-1044.

[68] Hoffmann W., Lavie D., Reuer J. J., et al. The interplay of competition and cooperation [J]. Strategic Management Journal, 2018, 39 (12): 3033-3052.

[69] Homans G. C. Social behavior as exchange [J]. American Journal of Sociology, 1958, 63 (6): 597-606.

[70] Howell B. E., Potgieter P. H. Governance of blockchain and distributed ledger technology projects [EB/OL]. https://ideas.repec.org/p/zbw/itsm19/201737.html.

[71] Huang M. C., Cheng H. L., Tseng C. Y. Reexamining the direct and interactive effects of governance mechanisms upon buyer-supplier cooperative performance [J]. Industrial Marketing Management, 2014, 43 (4): 704-716.

[72] Huang Y., Luo Y., Liu Y., et al. An investigation of interpersonal ties in interorganizational exchanges in emerging markets: A boundary-spanning perspective [J]. Journal of Management, 2016, 42 (6): 1557-1587.

[73] Huang Y., Zhang X., Zhu H. How do customers engage in social media-based brand communities: The moderator role of the brand's country of origin? [J]. Journal of Retailing and Consumer Services, 2022 (68): 103079.

[74] Hughes L., Dwivedi Y. K., Misra S. K., et al. Blockchain research, practice and policy: Applications, benefits, limitations, emerging research themes and research agenda [J]. International Journal of Information Management, 2019 (49): 114-129.

[75] Huo B., Fu D., Zhao X., et al. Curbing opportunism in logistics outsourcing relationships: The role of relational norms and contract [J]. International Journal of Production Economics, 2016 (182): 293-303.

[76] Håkansson H., Snehota I. Developing relationships in business networks [M]. London: Routledge, 1995.

［77］Iansiti M. , Lakhani. The truth about blockvhain ［J］. Harvard Business Review, 2017, 95（2）: 118-127.

［78］Jap S. D. , Ganesan S. Control mechanisms and the relationship life cycle: Implications for safeguarding specific investments and developing commitment ［J］. Journal of Marketing Research, 2000, 37（2）: 227-245.

［79］Jia F. , Zsidisin G. A. Supply relational risk: What role does guanxi play? ［J］. Journal of Business Logistics, 2014, 35（3）: 259-267.

［80］John G. An empirical investigation of some antecedents of opportunism in a marketing channel ［J］. Journal of Marketing Research, 1984, 21（3）: 278-289.

［81］Jones C. , Hesterly W. S. , Borgatti S. P. A general theory of network governance: Exchange conditions and social mechanisms ［J］. Academy of Management Review, 1997, 22（4）: 911-945

［82］Kamilaris A. , Fonts A. , Prenafeta – Boldù F. X. The rise of blockchain technology in agriculture and food supply chains ［J］. Trends in Food Science & Technology, 2019（91）: 640-652.

［83］Kanda A. , Deshmukh S. G. Supply chain coordination: Perspectives, empirical studies and research directions ［J］. International Journal of Production Economics, 2008, 115（2）: 316-335.

［84］Keller J. , Burkhardt P. , Lasch R. Informal governance in the digital transformation ［J］. International Journal of Operations & Production Management, 2021, 41（7）: 1060-1084.

［85］Kembro J. , Selviaridis K. , Näslund D. Theoretical perspectives on information sharing in supply chains: A systematic literature review and conceptual framework ［J］. Supply Chain Management, 2014, 19（5-6）: 609-625.

［86］Khan S. A. R. , Razzaq A. , Yu Z. , et al. Industry 4. 0 and circular economy practices: A new era business strategies for environmental sustainability ［J］. Business Strategy and the Environment, 2021, 30（8）: 4001-4014.

［87］Koh L. , Dolgui A. , Sarkis J. Blockchain in transport and logistics – paradigms and transitions ［J］. International Journal of Production Research, 2020, 58（7）: 2054-2062.

［88］Kostić N. , Sedej T. Blockchain technology, inter – organizational relationships, and management accounting: A synthesis and a research agenda [J]. Accounting Horizons, 2022, 36 (2): 123-141.

[89] Koza M. P., Lewin A. Y. The coevolution of network alliances: A longitudinal analysis of an international professional service network [J]. Organization Science, 1999, 10 (5): 638-653.

[90] Kshetri N. Blockchain systems and ethical sourcing in the mineral and metal industry: A multiple case study [J]. The International Journal of Logistics Management, 2022, 33 (1): 1-27.

[91] Kumar A., Liu R., Shan Z. Is blockchain a silver bullet for supply chain management? Technical challenges and research opportunities [J]. Decision Sciences, 2020, 51 (1): 8-37.

[92] Kusi-Sarpong S., Mubarik M. S., Khan S. A., et al. Intellectual capital, blockchain-driven supply chain and sustainable production: Role of supply chain mapping [J]. Technological Forecasting and Social Change, 2022 (175): 121331.

[93] Lacity M., Steelman Z., Cronan P. Blockchain governance models: Insights for enterprises [R]. University of Arkansas: Blockchain Center of Excellence Research White Paper, 2019.

[94] Lai F., Tian Y., Huo B. Relational governance and opportunism in logistics outsourcing relationships: Empirical evidence from China [J]. International Journal of Production Research, 2012, 50 (9): 2501-2514.

[95] Lee H., Kim M. S., Kim K. K. Interorganizational information systems visibility and supply chain performance [J]. International Journal of Information Management, 2014, 34 (2): 285-295

[96] Lee J. Y. H., Saunders C., Panteli N., et al. Managing information sharing: Interorganizational communication in collaborations with competitors [J]. Information and Organization, 2021, 31 (2): 100354.

[97] Levitt B., March J. G. Organizational learning [J]. Annual Review of Sociology, 1988 (14): 319-340.

[98] L' Hermitte C., Nair N. K. C. A blockchain-enabled framework for sharing logistics resources during emergency operations [J]. Disasters, 2021, 45 (3): 527-555.

[99] Li S. , Zhou Q. , Huo B. , et al. Environmental uncertainty, relationship commitment, and information sharing: The social exchange theory and transaction cost economics perspectives [J]. International Journal of Logistics Research and Applications, 2022, 27 (1): 1-25.

[100] Li W. , Liu K. , Belitski M. , et al. E-leadership through strategic alignment: An empirical study of small-and medium-sized enterprises in the digital age [J]. Journal of Information Technology, 2016, 31 (2): 185-206.

[101] Li Y. , Xie E. , Teo H. H. , Peng M. W. Formal control and social control in domestic and international buyer-supplier relationships [J]. Journal of Operations Management, 2010, 28 (4): 333-344.

[102] Li Y. , Ye F. , Sheu C. Social capital, information sharing and performance: Evidence from China [J]. International Journal of Operations & Production Management, 2014, 34 (11): 1440-1462.

[103] Liao L. F. Knowledge-sharing in R&D departments: A social power and social exchange theory perspective [J]. The International Journal of Human Resource Management, 2008, 19 (10): 1881-1895.

[104] Lin H. M. , Huang H. C. , Lin C. P. , et al. How to manage strategic alliances in oem-based industrial clusters: Network embeddedness and formal governance mechanisms [J]. Industrial Marketing Management, 2012, 41 (3): 449-459.

[105] Liu S. S. , Wong Y. Y. , Liu W. P. Asset specificity roles in interfirm cooperation: Reducing opportunistic behavior or increasing cooperative behavior? [J]. Journal of Business Research, 2009, 62 (11): 1214-1219

[106] Liu X. , Wang S. , Yao K. , et al. Opportunistic behaviour in supply chain finance: A social media perspective on the "Noah event" [J]. Enterprise Information Systems, 2021, 15 (10): 1607-1634.

[107] Liu Y. , Li Y. , Shi L. H. , et al. Knowledge transfer in buyer-supplier relationships: The role of transactional and relational governance mechanisms [J]. Journal of Business Research, 2017 (78): 285-293.

[108] Liu Y. , Liu T. , Li Y. How to inhibit a partner's strong and weak forms of opportunism: Impacts of network embeddedness and bilateral TSIs [J]. Industrial Marketing Management, 2014, 43 (2): 280-292.

[109] Lombardi R., De Villiers C., Moscariello N., et al. The disruption of blockchain in auditing-a systematic literature review and an agenda for future research [J]. Accounting, Auditing & Accountability Journal, 2022, 35 (7): 1534-1565.

[110] Lu W., Zhang L., Zhang L. Effect of contract completeness on contractors' opportunistic behavior and the moderating role of interdependence [J]. Journal of Construction Engineering and Management, 2016, 142 (6): 1-10.

[111] Lui S. S. The roles of competence trust, formal contract, and time horizon in interorganizational learning [J]. Organization Studies, 2009, 30 (4): 333-353.

[112] Lumineau F., Wang W., Schilke O. Blockchain governance: A new way of organizing collaborations? [J]. Organization Science, 2021, 32 (2): 500-521.

[113] Lunnan R., Haugland S. A. Predicting and measuring alliance performance: A multidimensional analysis [J]. Strategic Management Journal, 2008, 29 (5): 545-556.

[114] Luo Y., Liu Y., Yang Q., et al. Improving performance and reducing cost in buyer – supplier relationships: The role of justice in curtailing opportunism [J]. Journal of Business Research, 2015, 68 (3): 607-615.

[115] Luo Y. Opportunism in inter – firm exchanges in emerging markets [J]. Management and Organization Review, 2006, 2 (1): 121-147.

[116] MacKenzie S. B., Podsakoff P. M. Common method bias in marketing: Causes, mechanisms, and procedural remedies [J]. Journal of Retailing, 2012, 88 (4): 542-555.

[117] Marco I., Lakhani K. R. The truth about blockchain [J]. Harvard Business Review, 2017, 95 (1): 118-127.

[118] Markus M. L., Bui Q. N. Going concerns: The governance of interorganizational coordination hubs [J]. Journal of Management Information Systems, 2012, 28 (4): 163-198.

[119] Masudin I., Lau E., Safitri N. T., et al. The impact of the traceability of the information systems on humanitarian logistics performance: Case study of indonesian relief logistics services [J]. Cogent Business & Management, 2021, 8 (1): 1906052.

[120] McAllister D. J. Affect and cognition-based trust as foundations for interpersonal cooperation in organizations [J]. Academy of Management Review, 1995,

38, 24-59.

[121] McCarter M. W. , Northcraft G. B. Happy together? Insights and implications of viewing managed supply chains as a social dilemma [J]. Journal of Operations Management, 2007, 25 (2): 498-511.

[122] McNeilly K. M. , Russ F. A. Coordination in the marketing channel [J]. Advances in Distribution Channel Research, 1992 (1): 161-186.

[123] Mellewigt T. , Hoetker G. , Lütkewitte M. Avoiding high opportunism is easy, achieving low opportunism is not: A QCA study on curbing opportunism in buyer-supplier relationships [J]. Organization Science, 2018, 29 (6): 1208-1228.

[124] Miller C. D. , Toh P. K. Complementary components and returns from coordination within ecosystems via standard setting [J]. Strategic Management Journal, 2022, 43 (3): 627-662.

[125] Min H. Blockchain technology for enhancing supply chain resilience [J]. Business Horizons, 2019, 62 (1): 35-45.

[126] Mirkovski K. , Davison R. M. , Martinsons M. G. The effects of trust and distrust on ICT-enabled information sharing in supply chains: Evidence from small-and medium-sized enterprises in two developing economies [J]. The International Journal of Logistics Management, 2019, 30 (3): 892-926.

[127] Mishra D. P. , Kukreja R. K. , Mishra A. S. Blockchain as a governance mechanism for tackling dark side effects in interorganizational relationships [J]. International Journal of Organizational Analysis, 2021, 30 (2): 340-364.

[128] Mohr J. J. , Fisher R. J. , Nevin J. R. Collaborative communication in interfirm relationships: Moderating effects of integration and control [J]. Journal of Marketing, 1996, 60 (3): 103-115.

[129] Moretti A. , Zirpoli F. A dynamic theory of network failure: The case of the venice film festival and the local hospitality system [J]. Organization Studies, 2016, 37 (5): 607-633.

[130] Morgan N. A. , Kaleka A. , Gooner R. A. Focal supplier opportunism in supermarket retailer category management [J]. Journal of Operations Management, 2007, 25 (2): 512-527.

[131] Murray A. , Kuban S. , Josefy M. , et al. Contracting in the smart era:

The implications of blockchain and decentralized autonomous organizations for contracting and corporate governance [J]. Academy of Management Perspectives, 2021, 35 (4): 622-641.

[132] Muthusamy S. K., White M. A. Learning and knowledge transfer in strategic alliances: A social exchange view [J]. Organization Studies, 2005, 26 (3): 415-441.

[133] Ménard C., Valceschini E. New institutions for governing the agri-food industry [J]. European Review of Agricultural Economics, 2005, 32 (3): 421-440.

[134] Nandi M. L., Nandi S., Moya H., et al. Blockchain technology-enabled supply chain systems and supply chain performance: A resource-based view [J]. Supply Chain Management: An International Journal, 2020, 25 (6): 841-862.

[135] Nyaga G. N., Whipple J. M., Lynch D. F. Examining supply chain relationships: Do buyer and supplier perspectives on collaborative relationships differ? [J]. Journal of Operations Management, 2010, 28 (2): 101-114.

[136] Nyland K., Morland C., Burns J. The interplay of managerial and non-managerial controls, institutional work, and the coordination of laterally dependent hospital activities [J]. Qualitative Research in Accounting & Management, 2017, 14 (4): 467-495.

[137] Oliveira N., Lumineau F. The dark side of interorganizational relationships: An integrative review and research agenda [J]. Journal of Management, 2019, 45 (1): 231-261.

[138] Zollo M., Reuer J. J. Experience spillovers across corporate development activities [J]. Organization Science, 2010, 21 (6): 1195-1212.

[139] Osmonbekov T., Gregory B., Chelariu C., et al. The impact of social and contractual enforcement on reseller performance: The mediating role of coordination and inequity during adoption of a new technology [J]. Journal of Business & Industrial Marketing, 2016, 31 (6): 808-818.

[140] Pai P., Tsai H. T. Reciprocity norms and information-sharing behavior in online consumption communities: An empirical investigation of antecedents and moderators [J]. Information & Management, 2016, 53 (1): 38-52.

[141] Pan X., Pan X., Song M., et al. Blockchain technology and enterprise

operational capabilities: An empirical test [J]. International Journal of Information Management, 2020 (52): 101946.

[142] Park H. , Ritala P. , Velu C. Discovering and managing interdependence with customer-entrepreneurs [J]. British Journal of Management, 2021, 32 (1): 124-146.

[143] Parmigiani A. , Rivera-Santos M. Clearing a path through the forest: A meta-review of interorganizational relationships [J]. Journal of Management, 2011, 37 (4): 1108-1136.

[144] Paswan A. K. , Hirunyawipada T. , Iyer P. Opportunism, governance structure and relational norms: An interactive perspective [J]. Journal of Business Research, 2017 (77): 131-139.

[145] Paul T. , Mondal S. , Islam N. , et al. The impact of blockchain technology on the tea supply chain and its sustainable performance [J]. Technological Forecasting and Social Change, 2021 (173): 121163.

[146] Payan J. M. , Hair J. , Svensson G. , et al. The precursor role of cooperation, coordination, and relationship assets in a relationship model [J]. Journal of Business-to-Business Marketing, 2016, 23 (1): 63-79.

[147] Pazaitis A. , De Filippi P. , Kostakis V. Blockchain and value systems in the sharing economy: The illustrative case of backfeed [J]. Technological Forecasting and Social Change, 2017, 125 (12): 105-115.

[148] Petersen D. Automating governance: Blockchain delivered governance for business networks [J]. Industrial Marketing Management, 2022 (102): 177-189.

[149] Piñeiro-Chousa J. , López-Cabarcos M. Á. , Ribeiro-Soriano D. The influence of financial features and country characteristics on B2B ICOs' website traffic [J]. International Journal of Information Management, 2021 (59): 102332.

[150] Pomegbe W. W. K. , Dogbe C. S. K. , Borah P. S. Pharmaceutical business ecosystem governance and new product development success [J]. International Journal of Productivity and Performance Management, 2022, 72 (7): 1942-1961.

[151] Poppo L. , Zenger T. Do formal contracts and relational governance function as substitutes or complements? [J]. Strategic Management Journal, 2002, 23 (8): 707-725.

［152］Pournader M. , Shi Y. , Seuring S. , et al. Blockchain applications in supply chains, transport and logistics: A systematic review of the literature ［J］. International Journal of Production Research, 2020, 58 (7): 2063-2081.

［153］Powell W. W. Neither market nor hierarchy ［EB/OL］. https: //doi/ 10. 1007/978-3-658-21742-6_108.

［154］Provan K. G. , Kenis P. Modes of network governance: Structure, management, and effectiveness ［J］. Journal of Public Administration Research and Theory, 2008, 18 (2): 229-252.

［155］Provan K. G. , Milward H. B. Do networks really work? A framework for evaluating public - sector organizational networks ［J］. Public Administration Review, 2001, 61 (4): 414-423.

［156］Rai A. , Pavlou P. A. , Im G. , et al. Interfirm IT capability profiles and communications for cocreating relational value: Evidence from the logistics industry ［J］. MIS Quarterly, 2012, 36 (1): 233-262.

［157］Rajagopalan S. Blockchain and buchanan: Code as constitution ［M］. Buchanan: Palgrave Macmillan Cham, 2018.

［158］Rejeb A. , Keogh J. G. , Simske S. J. , et al. Potentials of blockchain technologies for supply chain collaboration: A conceptual framework ［J］. The International Journal of Logistics Management, 2021, 32 (3): 973-994.

［159］Ren Y. , Kiesler S. , Fussell S. R. Multiple group coordination in complex and dynamic task environments: Interruptions, coping mechanisms, and technology recommendations ［J］. Journal of Management Information Systems, 2008, 25 (1): 105-130.

［160］Reuer J. J. , Arino A. Strategic alliance contracts: Dimensions and determinants of contractual complexity ［J］. Strategic Management Journal, 2007, 28 (3): 313-330.

［161］Reusen E. , Stouthuysen K. Trust transfer and partner selection in interfirm relationships ［J］. Accounting, Organization and Society, 2020 (81): 101081.

［162］Roeck D. , Sternberg H. , Hofmann E. Distributed ledger technology in supply chains: A transaction cost perspective ［J］. International Journal of Production Research, 2020, 58 (7): 2124-2141.

［163］Rossi M. , Mueller-Bloch C. , Thatcher J. B. , Beck R. Blockchain research in information systems: Current trends and an inclusive future research agenda ［J］. Journal of the Association for Information Systems, 2019, 20 (9): 1388-1403.

［164］Ruesch L. , Tarakci M. , Besiou M. , et al. Orchestrating coordination among humanitarian organizations ［J］. Production and Operations Management, 2022 (31): 1977-1996.

［165］Saberi S. , Kouhizadeh M. , Sarkis J. , et al. Blockchain technology and its relationships to sustainable supply chain management ［J］. International Journal of Production Research, 2019, 57 (7): 2117-2135.

［166］Sahadev S. Exploring the role of expert power in channel management: An empirical study ［J］. Industrial Marketing Management, 2005, 34 (5): 487-494.

［167］Salam A. , Panahifar F. , Byrne P. J. Retail supply chain service levels: The role of inventory storage ［J］. Journal of Enterprise Information Management, 2016, 29 (6): 887-902.

［168］Sanders N. R. An empirical study of the impact of e-business technologies on organizational collaboration and performance ［J］. Journal of Operations Management, 2007, 25 (6): 1332-1347.

［169］Sarker S. , Henningsson S. , Jensen T. , et al. The use of blockchain as a resource for combating corruption in global shipping: An interpretive case study ［J］. Journal of Management Information Systems, 2021, 38 (2): 338-373.

［170］Schmidt C. G. , Wagner S. M. Blockchain and supply chain relations: A transaction cost theory perspective ［J］. Journal of Purchasing and Supply Management, 2019, 25 (4): 100552.

［171］Seebacher S. , Schüritz R. , Satzger G. Towards an understanding of technology fit and appropriation in business networks: Evidence from blockchain implementations ［J］. Information Systems and E-Business Management, 2021, 19 (1): 183-204.

［172］Shahzad K. , Ali T. , Takala J. , et al. The varying roles of governance mechanisms on ex-post transaction costs and relationship commitment in buyer-supplier relationships ［J］. Industrial Marketing Management, 2018 (71): 135-146.

［173］Shen L. , Yang Q. , Hou Y. , et al. Research on information sharing incentive mechanism of China's port cold chain logistics enterprises based on blockchain

[J]. Ocean & Coastal Management, 2022 (225): 106229.

[174] Sheth A. , Subramanian H. Blockchain and contract theory: Modeling smart contracts using insurance markets [J]. Managerial Finance, 2020, 46 (6): 803-814.

[175] Shin D. D. H. Blockchain: The emerging technology of digital trust [J]. Telematics and Informatics, 2019 (45): 101278.

[176] Sivalingam G. Network governance in Malaysia's telecommunications industry [J]. Asia Pacific Business Review, 2010, 16 (1-2): 143-159.

[177] Srikanth K. , Puranam P. The firm as a coordination system: Evidence from software services offshoring [J]. Organization Science, 2014, 25 (4): 1253-1271.

[178] Stekelorum R. , Laguir I. , Lai K. , et al. Responsible governance mechanisms and the role of suppliers' ambidexterity and big data predictive analytics capabilities in circular economy practices improvements [J]. Transportation Research Part E: Logistics and Transportation Review, 2021 (155): 102510.

[179] Swan M. Blockchain: Blueprint for a new economy [M]. Lalifornia: O' reilly Media, 2015.

[180] Tan K. C. , Cross J. Influence of resource-based capability and inter-organizational coordination on SCM [J]. Industrial Management & Data Systems, 2012, 112 (6): 929-945.

[181] Tapscott D. , Tapscott A. How blockchain will change organizations [J]. MIT Sloan Management Review, 2017, 58 (2): 10-13.

[182] Thorelli H. B. Netowork: Between markets and hierarchies [J]. Strategic Management Journal, 1986 (7): 35-51.

[183] Tran T. T. H. , Childerhouse P. , Deakins E. Supply chain information sharing: Challenges and risk mitigation strategies [J]. Journal of Manufacturing Technology Management, 2016, 27 (8): 1102-1126.

[184] Treiblmaier H. The impact of the blockchain on the supply chain: A theory-based research framework and a call for action [J]. Supply Chain Management, 2018, 23 (6): 545-559.

[185] Tsou H. T. , Chen J. S. , Wang Z. Q. Partner selection, interorganizational coordination, and new service development success in the financial service industry

[J]. Canadian Journal of Administrative Sciences Revue Canadienne Des Sciences De l'Administration, 2019, 36 (2): 231-247.

[186] Tunisini A., Marchiori M. Why do network organizations fail? [J]. Journal of Business & Industrial Marketing, 2020, 35 (6): 1011-1021.

[187] Tönnissen S., Teuteberg F. Analysing the impact of blockchain-technology for operations and supply chain management: An explanatory model drawn from multiple case studies [J]. International Journal of Information Management, 2020, 52 (6): 101953.

[188] Upadhyay N. Demystifying blockchain: A critical analysis of challenges, applications and opportunities [J]. International Journal of Information Management, 2020 (54): 102120.

[189] Uzzi B., Lancaster R. Relational embeddedness and learning: The case of bank loan managers and their clients [J]. Management Science, 2003, 49 (4): 383-399.

[190] Valero S., Climent F., Esteban R. Future banking scenarios evolution of digitalisation in Spanish banking [J]. Journal of Business Accounting and Finance Perspectives, 2020, 2 (2): 13.

[191] Van der Vaart T., Pieter van Donk D., Gimenez C., et al. Modelling the integration-performance relationship: Collaborative practices, enablers and contextual factors [J]. International Journal of Operations & Production Management, 2012, 32 (9): 1043-1074.

[192] Varshney L. R., Oppenheim D. V. On cross - enterprise collaboration [C]//International Conference on Business Process Management. Berlin: Springer, 2011.

[193] Vatankhah Barenji A., Li Z., Wang W. M., et al. Blockchain - based ubiquitous manufacturing: A secure and reliable cyber-physical system [J]. International Journal of Production Research, 2020, 58 (7): 2200-2221.

[194] Villena V. H., Revilla E., Choi T. Y. The dark side of buyer-supplier relationships: A social capital perspective [J]. Journal of Operations Management, 2011, 29 (6): 561-576.

[195] Völter F., Urbach N., Padget J. Trusting the trust machine: Evaluating trust signals of blockchain applications [J]. International Journal of Information Management, 2023 (68): 102429.

［196］ Wacker J. G. , Yang C. , Sheu C. A transaction cost economics model for estimating performance effectiveness of relational and contractual governance: Theory and statistical results ［J］. International Journal of Operations & Production Management, 2016, 36 (1): 1551-1575.

［197］ Wadhwa S. , Saxena A. Decision knowledge sharing: Flexible supply chains in KM context ［J］. Production Planning & Control, 2007, 18 (5): 436-452.

［198］ Wagner B. , Fearne A. 20 years of supply chain management: An international journal ［EB/OL］. https://doi.org/10.1108/SCM-09-2015-0378.

［199］ Walter S. G. , Walter A. , Müller D. Formalization, communication quality, and opportunistic behavior in R&D alliances between competitors ［J］. Journal of Product Innovation Management, 2015, 32 (6): 954-970.

［200］ Wan P. K. , Huang L. , Holtskog H. Blockchain-enabled information sharing within a supply chain: A systematic literature review ［J］. IEEE Access, 2020 (8): 49645-49656.

［201］ Wan Y. , Gao Y. , Hu Y. Blockchain application and collaborative innovation in the manufacturing industry: Based on the perspective of social trust ［J］. Technological Forecasting and Social Change, 2022 (177): 121540.

［202］ Wang H. , Lu W. , Söderlund J. , et al. The interplay between formal and informal institutions in projects: A social network analysis ［J］. Project Management Journal, 2018, 49 (4): 20-35.

［203］ Wang L. , Yeung J. H. Y. , Zhang M. The impact of trust and contract on innovation performance: The moderating role of environmental uncertainty ［J］. International Journal of Production Economics, 2011, 134 (1): 114-122.

［204］ Wang X. , Yin Y. , Deng J. , et al. Influence of trust networks on the cooperation efficiency of PPP projects: Moderating effect of opportunistic behavior ［J］. Journal of Asian Architecture and Building Engineering, 2021, 22 (4): 2275-2290.

［205］ Wang Y. , Han J. H. , Beynon-Davies P. Understanding blockchain technology for future supply chains: A systematic literature review and research agenda ［J］. Supply Chain Management: An International Journal, 2019, 24 (1): 62-84.

［206］ Wathne K. H. , Heide J. B. Opportunism in interfirm relationships: Forms, outcomes, and solutions ［J］. Journal of Marketing, 2000, 64 (4): 36-51.

［207］Wegner D. , Sarturi G. , Klein L. L. The governance of strategic networks: How do different configurations influence the performance of member firms ［J］. Journal of Management and Governance, 2022 (26): 1063-1087.

［208］Williamson O. E. The economic institutions of capitalism: Firms, markets, relational contracting ［M］. New York: Free Press, 2007.

［209］Williamson O. E. Transaction-cost economics: The governance of contractual relations ［J］. The journal of Law and Economics, 1979, 22 (2): 233-261.

［210］Wincent J. , Thorgren S. , Anokhin S. Managing maturing government-supported networks: The shift from monitoring to embeddedness controls ［J］. British Journal of Management, 2013, 24 (4): 480-497.

［211］Wong L. W. , Leong L. Y. , Hew J. J. , et al. Time to seize the digital evolution: Adoption of blockchain in operations and supply chain management among Malaysian SMEs ［J］. International Journal of Information Management, 2020, 52 (9): 101997.

［212］Woolthuis R. K. , Hillebrand B. , Nooteboom B. Trust, contract and relationship development ［J］. Organization Studies, 2005, 26 (6): 813-840.

［213］Wu A. H. , Wang Z. , Chen S. Impact of specific investments, governance mechanisms and behaviors on the performance of cooperative innovation projects ［J］. International Journal of Project Management, 2017, 35 (3): 504-515.

［214］Wu L. , Chuang C. H. , Hsu C. H. Information sharing and collaborative behaviors in enabling supply chain performance: A social exchange perspective ［J］. International Journal of Production Economics, 2014 (148): 122-132.

［215］Xu D. , Dai J. , Paulraj A. , et al. Leveraging digital and relational governance mechanisms in developing trusting supply chain relationships: The interplay between blockchain and norm of solidarity ［J］. International Journal of Operations & Production Management, 2022, 42 (12): 1878-1904.

［216］Xu X. , Zhang M. , Dou G. , et al. Coordination of a supply chain with an online platform considering green technology in the blockchain era ［J］. International Journal of Production Research, 2021, 61 (11): 3793-3810.

［217］Yang L. , Huo B. , Gu M. The impact of information sharing on supply chain adaptability and operational performance ［J］. The International Journal of Logistics Management, 2022, 33 (2): 590-619.

[218] Yang W., Gao Y., Li Y., et al. Different roles of control mechanisms in buyer-supplier conflict: An empirical study from China [J]. Industrial Marketing Management, 2017 (65): 144-156.

[219] Yermack D. Corporate governance and blockchains [J]. Review of Finance, 2017, 21 (1): 7-31.

[220] You J., Chen Y., Wang W., et al. Uncertainty, opportunistic behavior, and governance in construction projects: The efficacy of contracts [J]. International Journal of Project Management, 2018, 36 (5): 795-807.

[221] Yu M. C., Mark G. A multi-objective approach to supply chain visibility and risk [J]. European Journal of Operational Research, 2014, 233 (1): 125-130.

[222] Zaheer N., Trkman P. An information sharing theory perspective on willingness to share information in supply chains [J]. The International Journal of Logistics Management, 2017, 28 (2): 417-443.

[223] Zhang X., Van Donk D. P., Van der Vaart T. The different impact of inter-organizational and intra-organizational ICT on supply chain performance [J]. International Journal of Operations & Production Management, 2016, 36 (7): 803-824.

[224] Zheng K., Zheng L. J., Gauthier J., et al. Blockchain technology for enterprise credit information sharing in supply chain finance [J]. Journal of Innovation & Knowledge, 2022, 7 (4): 100256.

[225] Zhou K. Z., Poppo L. Exchange hazards, relational reliability, and contracts in China: The contingent role of legal enforceability [J]. Journal of International Business Studies, 2010, 41 (5): 861-881.

[226] Zhou Y., Zhang X., Zhuang G. Relational norms and collaborative activities: Roles in reducing opportunism in marketing channels [J]. Industrial Marketing Management, 2015, 46 (4): 147-159.

[227] Ziolkowski R., Miscione G., Schwabe G. Decision problems in blockchain governance: Old wine in new bottles or walking in someone else's shoes? [J]. Journal of Management Information Systems, 2020, 37 (2): 316-348.

[228] 蔡恒进, 郭震. 供应链金融服务新型框架探讨: 区块链+大数据 [J]. 理论探讨, 2019, 207 (2): 94-101.

［229］陈凡，蔡振东．区块链技术社会化的信任建构与社会调适［J］．科学学研究，2020，38（12）：2124-2130．

［230］陈军，朱华友．产业集群治理研究——一个拓展的视角［J］．经济问题探索，2008（11）：13-18．

［231］池毛毛，李延晖，王伟军，王晓，程秀峰．需求—技术—治理联合驱动的合作电子商务能力形成机制研究［J］．管理评论，2018，30（11）：86-96．

［232］崔铁军，姚万焕．基于区块链技术的农产品供应链演化博弈研究［J］．计算机应用研究，2021，38（12）：3558-3563．

［233］邓卫华，易明，蔡根女．供应链成员信息共享技术策略博弈分析［J］．中国管理科学，2009，17（4）：103-108．

［234］冯华，李君翊．组织间依赖和关系治理机制对绩效的效果评估——基于机会主义行为的调节作用［J］．南开管理评论，2019，22（3）：103-111．

［235］冯华，聂蕾，施雨玲．供应链治理机制与供应链绩效之间的相互作用关系——基于信息共享的中介效应和信息技术水平的调节效应［J］．中国管理科学，2020，28（2）：104-114．

［236］付豪，赵翠萍，程传兴．区块链嵌入、约束打破与农业产业链治理［J］．农业经济问题，2019，480（12）：108-117．

［237］付豪．农产品供应链治理优化——以区块链技术嵌入为视角［D］．郑州：河南农业大学，2020．

［238］高丹雪，仲为国．企业间合作关系终止研究综述与未来展望［J］．外国经济与管理，2017，39（12）：53-69．

［239］高孟立．合作创新中互动一定有助于促进合作吗？［J］．科学学研究，2018，36（8）：1524-1536．

［240］高悦，何旭涛，周颖玉，刘海鸥．双链区块链赋能突发公共卫生事件信息共享研究［EB/OL］．http：//kns．cnki．net/kcms/detail/22.1264．G2．20220926．1740.025．html．

［241］龚强，班铭媛，张一林．区块链、企业数字化与供应链金融创新［J］．管理世界，2021，37（2）：3，22-34．

［242］巩世广，郭继涛．基于区块链的科技金融模式创新研究［J］．科学管理研究，2016，34（4）：110-111．

［243］关婷，薛澜，赵静．技术赋能的治理创新：基于中国环境领域的实践

案例 [J]. 中国行政管理, 2019 (4): 58-65.

[244] 郭菊娥, 陈辰. 区块链技术驱动供应链金融发展创新研究 [J]. 西安交通大学学报 (社会科学版), 2020, 40 (3): 46-54.

[245] 郭雪松, 朱正威. 跨域危机整体性治理中的组织协调问题研究——基于组织间网络视角 [J]. 公共管理学报, 2011, 8 (4): 50-60, 124-125.

[246] 韩志明. 从"互联网+"到"区块链+": 技术驱动社会治理的信息逻辑 [J]. 行政论坛, 2020, 27 (4): 68-75.

[247] 贾军, 薛春辉. 区块链应用对客户关系治理与企业创新关系影响研究 [J]. 软科学, 2022, 36 (8): 123-129.

[248] 贾开. 区块链的三重变革研究: 技术、组织与制度 [J]. 中国行政管理, 2020 (1): 63-68.

[249] 简兆权, 李敏, 叶赛. 企业间关系承诺与信息共享对服务创新绩效的影响——网络能力的作用 [J]. 软科学, 2018, 32 (7): 70-73, 88.

[250] 解学梅, 王宏伟. 开放式创新生态系统价值共创模式与机制研究 [J]. 科学学研究, 2020, 38 (5): 912-924.

[251] 解学梅, 左蕾蕾. 企业协同创新网络特征与创新绩效: 基于知识吸收能力的中介效应研究 [J]. 南开管理评论, 2013, 16 (3): 47-56.

[252] 李剑, 易兰, 肖瑶. 信息不对称下基于区块链驱动的供应链减排信息共享机制研究 [J]. 中国管理科学, 2021, 29 (10): 131-139.

[253] 李靖华, 毛丽娜, 王节祥. 技术知识整合、机会主义与复杂产品创新绩效 [J]. 科学学研究, 2020, 38 (11): 2097-2112.

[254] 李林蔚, 王罡. 治理机制何时有助于联盟成功——基于不确定性视角的研究 [J]. 科技进步与对策, 2021, 38 (22): 19-26.

[255] 李维安, 林润辉, 范建红. 网络治理研究前沿与述评 [J]. 南开管理评论, 2014, 17 (5): 42-53.

[256] 李晓, 刘正刚. 基于区块链技术的供应链智能治理机制 [J]. 中国流通经济, 2017, 31 (11): 34-44.

[257] 林润辉, 李维安. 网络组织——更具环境适应能力的新型组织模式 [J]. 南开管理评论, 2000 (3): 4-7.

[258] 刘和东, 陈文潇. 资源互补与行为协同提升合作绩效的黑箱解构——以高新技术企业为对象的实证分析 [J]. 科学学研究, 2020, 38 (10):

1847-1857.

［259］刘向东，刘雨诗. 双重赋能驱动下的信任跃迁与网络创新——汇通达2010~2019年纵向案例研究［J］. 管理学报，2021，18（2）：180-191.

［260］刘永谋. 技术治理、反治理与再治理：以智能治理为例［J］. 云南社会科学，2019（2）：2，29-34.

［261］娄祝坤，黄妍杰. 跨组织管控、战略信息共享与企业创新［J］. 华东经济管理，2019，33（7）：128-137.

［262］卢强，杨晓叶，周琳云. 关系治理与契约治理对于供应链融资绩效的影响研究［J］. 管理评论，2022，34（8）：313-326.

［263］卢亭宇，庄贵军，丰超等. 网络交互策略如何提高企业的跨组织治理效力？——TTF匹配效应检验［J］. 管理世界，2020，36（9）：202-217.

［264］罗仲伟，罗美娟. 网络组织对层级组织的替代［J］. 中国工业经济，2001（6）：23-30.

［265］彭珍珍，顾颖，张洁. 动态环境下联盟竞合、治理机制与创新绩效的关系研究［J］. 管理世界，2020，36（3）：205-220，235.

［266］彭正银，杨静，汪爽. 网络治理研究：基于三层面的评述［EB/OL］. https：//www. doc88. com/p-9354195681930. html.

［267］彭正银. 网络治理理论探析［J］. 中国软科学，2002（3）：51-55.

［268］沈灏，谢恩，王栋. 战略联盟的控制机制对联盟绩效的影响研究——基于边界困境的视角［J］. 当代财经，2015（9）：66-76.

［269］盛守一. 基于区块链技术的供应链信息资源共享模型构建研究［J］. 情报科学，2021，39（7）：162-168.

［270］盛亚，王节祥. 利益相关者权利非对称、机会主义行为与CoPS创新风险生成［J］. 科研管理，2013，34（3）：31-40.

［271］史雅妮，陈嘉曼，李晨瑜等. 破解电子病历信息共享困境：区块链的转型干预作用［EB/OL］. http：//kns. cnki. net/kcms/detail/42. 1085. G2. 20230210. 1416. 002. html.

［272］宋晶，陈劲. 企业家社会网络对企业数字化建设的影响研究——战略柔性的调节作用［J］. 科学学研究，2022，40（1）：103-112.

［273］宋晶，孙永磊. 合作创新网络能力的形成机理研究——影响因素探索和实证分析［J］. 管理评论，2016，28（3）：67-75.

[274] 宋立丰,祁大伟,宋远方. "区块链+"商业模式创新整合路径 [J]. 科研管理, 2019, 40 (7): 69-77.

[275] 宋晓晨,毛基业. 基于区块链的组织间信任构建过程研究——以数字供应链金融模式为例 [J]. 中国工业经济, 2022 (11): 174-192.

[276] 孙国强,吉迎东,张宝建,徐俪凤. 网络结构、网络权力与合作行为——基于世界旅游小姐大赛支持网络的微观证据 [J]. 南开管理评论, 2016, 19 (1): 43-53.

[277] 孙国强. 西方网络组织治理研究评介 [J]. 外国经济与管理, 2004 (8): 8-12.

[278] 孙睿,何大义,苏汇淋. 基于演化博弈的区块链技术在供应链金融中的应用研究 [EB/OL]. https://10.16381/j.cnki.issn1003-207x.2021.1538.

[279] 汪青松. 区块链作为治理机制的优劣分析与法律挑战 [J]. 社会科学研究, 2019, 243 (4): 60-71.

[280] 王龙伟,王立,王文君. 协商策略对企业合作绩效的影响机制研究:关系冲突的中介作用 [J]. 科学学与科学技术管理, 2020, 41 (9): 69-83.

[281] 王如玉,梁琦,李广乾. 虚拟集聚:新一代信息技术与实体经济深度应用的空间组织新形态 [J]. 管理世界, 2018, 34 (2): 13-21.

[282] 王文娜,刘戒骄. 高管薪酬激励、产业补贴政策与颠覆性技术创新 [J]. 中国科技论坛, 2020 (8): 43-51.

[283] 王永贵,刘菲. 信任有助于提升创新绩效吗——基于B2B背景的理论探讨与实证分析 [J]. 中国工业经济, 2019 (12): 152-170.

[284] 王昱,盛旸,薛星群. 区块链技术与互联网金融风险防控路径研究 [J]. 科学学研究, 2022, 40 (2): 257-268.

[285] 魏江,李拓宇. 知识产权保护与集群企业知识资产的治理机制 [J]. 中国工业经济, 2018 (5): 157-174.

[286] 吴桐,李铭. 区块链金融监管与治理新维度 [J]. 财经科学, 2019 (11): 1-11.

[287] 吴晓波,房珂一,刘潭飞,吴东. 数字情境下制造服务化的治理机制:契约治理与关系治理研究 [J]. 科学学研究, 2022, 40 (2): 269-277, 308.

[288] 吴瑶,肖静华,谢康. 数据驱动的技术契约适应性创新——数字经济的创新逻辑(四)[J]. 北京交通大学学报(社会科学版), 2020, 19 (4):

1–14.

［289］徐晨阳，陈艳娇，王会金．区块链赋能下多元化发展对企业风险承担水平的影响——基于数字经济时代视角［J］．中国软科学，2022，373（1）：121–131.

［290］薛捷，张振刚．动态能力视角下创新型企业联盟管理能力研究［J］．科研管理，2017，38（1）：81–90.

［291］杨德明，夏小燕，金淞宇，等．大数据、区块链与上市公司审计费用［J］．审计研究，2020（4）：68–79.

［292］杨建华，高卉杰，殷焕武．物流服务提供商联盟的关系治理和机会主义——基于正式控制视角［J］．软科学，2017，31（1）：124–129.

［293］杨伟，周青，方刚．产业创新生态系统数字转型的试探性治理——概念框架与案例解释［J］．研究与发展管理，2020，32（6）：13–25.

［294］尹贻林，尹航，王丹，蒋慧杰．科层失灵、项目治理与机会主义行为——138 例样本的定性比较分析［J］．管理工程学报，2022，36（3）：106–111.

［295］余江，靳景，温雅婷．转型背景下公共服务创新中的数字技术及其创新治理：理论追溯与趋势研判［J］．科学学与科学技术管理，2021，42（2）：45–58.

［296］张闯，周晶，杜楠．合同治理、信任与经销商角色外利他行为：渠道关系柔性与团结性规范的调节作用［J］．商业经济与管理，2016（7）：55–63.

［297］张慧，张剑渝，王立磊．阳奉阴违？非对称权力渠道中的弱势方行为研究——基于权力合法性的视角［J］．外国经济与管理，2020，42（11）：94–108.

［298］张群洪，刘震宇，严静．信息技术采用对关系治理的影响：投入专用性的调节效应研究［J］．南开管理评论，2010，13（1）：125–133，145.

［299］张涑贤，王强，王文隆．BIM 应用下项目主体间信任和被信任感对合作创新绩效的影响研究［J］．预测，2021，40（6）：76–83.

［300］张喜征．虚拟项目团队中的信任依赖和信任机制研究［J］．科学管理研究，2004（2）：85–87.

［301］张夏恒．基于区块链的互联网平台型企业联盟风险规制机制与框架［J］．中国流通经济，2021，35（5）：52–61.

［302］张玉臣，王芳杰．研发联合体：基于交易成本和资源基础理论视角

［J］．科研管理，2019，40（8）：1-11.

　　［303］赵良杰，宋波．技术互依性、组织双元能力与联盟创新绩效：基于动态网络的视角［J］．研究与发展管理，2015，27（1）：113-123.

　　［304］朱礼龙．网络组织外部正效应问题及其治理——基于和合管理视角的分析［J］．经济管理，2007（22）：8-12.

　　［305］朱训，顾昕．变量相对重要性评估的方法选择及应用［J］．心理科学进展，2023，31（1）：145-158.

　　［306］庄贵军，董滨．IOS 还是 SM？网络交互策略对企业间协作的影响［J］．管理评论，2020，32（9）：153-167.

附录 1

区块链背景下企业网络投机行为的调查问卷

尊敬的女士/先生：

您好！由衷感谢您抽出宝贵时间来填写这份调研问卷。本份问卷目的在于了解区块链技术对企业合作中存在的投机行为的影响，以便为企业的机会主义行为治理找到可行的对策。本次调研的对象是贵公司及其合作企业，问卷填写采用不记名方式，所选答案并无正确与否，衷心愿您能根据实际工作经验，进行如实填答。非常感谢！

■ 说明：下文所提到的"网络"指的是企业之间因合作所形成的一种新型组织。

第一部分 基本资料

1. 您的性别是　□男　　□女

2. 您的职位为_____

□高层管理人员　　　　　　□中层管理人员　　　　　□基层管理人员

□技术研发人员　　　　　　□其他_____

3. 所处企业的行业性质为_____

□制造业　□信息技术产业　□能源产业　　□其他_____

4. 所处企业性质为_____

□国有及国有控股企业　□民营企业　□外资企业　□中外合资　□其他

5. 所处企业存续时间为　□≤5 年　□6~10 年　□11~20 年　□>20 年

6. 所处企业的规模为　□大型企业　□中型企业　□小型企业　□微型企业

7. 企业的名称是＿＿＿＿＿＿＿＿＿（可写简称）。

■ 请您根据实际情况在相应的评分数值框内打"√"，谢谢!

■ 评分标准:

1	2	3	4	5	6	7
非常不同意	不同意	较不同意	一般	较为同意	同意	非常同意

第二部分　区块链背景下企业合作中投机行为的调查

题项		非常不同意→非常同意						
区块链技术：网络内企业间使用分布式共识和自动可执行的程度和范围		1	2	3	4	5	6	7
1	网络中经常使用分布式账本技术来保持数据的完整性、透明性、可用性和不可篡改性							
2	网络中经常使用分布式账本技术作为数据平台以追踪相关信息的来源和使用							
3	存储网络中产生的信息时按照时间顺序排列							
4	网络内的信息可以在多个企业的数据存储中得到							
5	网络内的所有信息，包括数据、知识、订单等都需要经过网络成员的验证							
6	网络中共享的任何信息都是不可篡改的，任何企业都无法私自更改或者删除信息							
7	网络中企业间可以直接合作沟通，而无须第三方牵线							
8	网络中企业间经常使用能够自动执行合同的智能合约							
9	通过使用智能合约减少了合作伙伴之间的纠纷与冲突							
10	网络中的合同依照事先确定的规则和条件自动执行							
11	网络中智能合约能够提供安全的信息分析和处理							
12	网络考虑使用智能合约来取代目前企业间的纸质合同							
13	自动执行合同减少了合作伙伴复杂交易所需的时间							
契约治理：企业间使用正式的具有法律约束力的合同		1	2	3	4	5	6	7
1	通过正式的协议明确网络内企业的权利和义务							
2	网络中企业间的合同详细而清晰地描述了执行条款							
3	网络中企业间的关系主要受书面合同和协议的约束							

题项		非常不同意→非常同意						
4	网络中企业都能按照合同规定履行相应的职责和承诺							
5	网络中企业间严格按照合同中的条款解决冲突与分歧							
关系治理：企业间使用非正式的方式对企业行为约束		1	2	3	4	5	6	7
1	网络中企业之间有充分的交流，关系比较密切							
2	网络中企业之间彼此相信对方会履行承诺							
3	网络中企业之间的信息交流经常非正式地进行，而不只是根据事先签订的正式协议							
4	网络中企业通过讨论共同做出了许多决策							
5	网络内企业共同解决出现的问题							
投机行为：企业为了自身利益而损害合作伙伴利益		1	2	3	4	5	6	7
1	网络中企业为了获得自身利益而篡改事实							
2	网络中企业为了自身的利益而违反了正式或非正式协议（口头约定等）							
3	网络内企业利用合同中的"漏洞"来牟取私利							
4	网络中企业为了维护自身利益，经常隐藏一些重要信息，即使违背合同条款							
5	网络中企业会试图为了自身利益而重新谈判							
6	网络中企业有承诺但是并未履行							
7	网络中企业经常逃避合同规定的违约责任							
资产专用性：企业对合作进行的投入		1	2	3	4	5	6	7
1	网络中企业在维持企业间合作方面投入了大量资源							
2	网络中企业若在合作期间更换合作伙伴，将失去原有的资源投资							
3	网络中企业若停止合作，该企业将损失原有的关系投资							
组织间依赖性：企业之间的相互依赖程度		1	2	3	4	5	6	7
	网络内企业之间的依赖是不对称性的							
环境不确定性：企业外部环境的多变性		1	2	3	4	5	6	7
	企业网络的外部环境（如经济、法律和自然条件）是不稳定的							

问卷到此结束，非常感谢您的参与！

附录 2

区块链背景下企业网络关系协调的调查问卷

尊敬的女士/先生：

您好！本份调查问卷旨在了解区块链技术对企业合作中关系协调的影响，以便为关系协调治理提出可行的对策。调研的对象为贵公司及其合作伙伴，问卷填写采用不记名方式，所选答案并无正确与否，衷心愿您能根据实际工作经验，进行如实填答。非常感谢！

■ 说明：所提到的"网络"特指企业之间合作所形成的一种新型组织。

第一部分　基本资料

1. 您的性别是　□男　　□女

2. 您的职位级别为_____

□高层管理人员　　　　□中层管理人员　　　　□基层管理人员

□技术研发人员　　　　□其他，请指出_____

3. 所处企业的行业性质为_____

□制造业　　□信息技术产业　　□能源产业　□其他，请指出_____

4. 所处企业性质为_____

□国有及国有控股企业　□民营企业　□外资企业　□中外合资　□其他

5. 所处企业存续时间为　□≤5 年　　□6~10 年　　□11~20 年　　□>20 年

6. 所处企业的规模为　　□大型企业　　□中型企业　　□小型企业　　□微型企业

7. 您认为贵企业所在的企业网络中合作企业的数量为

□1～3 家　□4～7 家　□8～10 家　□11～15 家　□16～20 家　□20～30 家
□30 家以上

■ 请您根据贵企业实际情况在相应的评分数值框内打"√"，谢谢！

第二部分　区块链背景下企业合作中关系协调的调查

题项		非常不同意→非常同意						
区块链技术：网络内企业间使用分布式共识和自动可执行的程度和范围		1	2	3	4	5	6	7
1	网络中经常使用分布式账本技术来保持数据的完整性、透明性、可用性和不可篡改性							
2	网络中经常使用分布式账本技术作为数据平台以追踪相关信息的来源和使用							
3	存储网络中产生的信息时按照时间顺序排列							
4	网络内的信息可以在多个企业的数据存储中得到							
5	网络内的所有信息，包括数据、知识、订单等都需要经过网络成员的验证							
6	网络中共享的任何信息都是不可篡改的，任何企业都无法私自更改或者删除信息							
7	网络中企业间可以直接合作沟通，而无须第三方牵线							
8	网络中企业间经常使用能够自动执行合同的智能合约							
9	通过使用智能合约减少了合作伙伴之间的纠纷与冲突							
10	网络中的合同依照事先确定的规则和条件自动执行							
11	网络中智能合约能够提供安全的信息分析和处理							
12	网络考虑使用智能合约来取代目前企业间的纸质合同							
13	自动执行合同减少了合作伙伴复杂交易所需的时间							
组织间信任：企业与其合作伙伴的信任程度		1	2	3	4	5	6	7
1	在使用区块链的网络中，企业相信彼此都能够遵守承诺或合同							
2	在使用区块链的网络中，企业相信彼此具有完成合作任务的知识与能力							

续表

题项		非常不同意→非常同意						
3	在使用区块链的网络中，企业相信履约行为被实时监控，且违约成本很高							
4	在使用区块链的网络中，企业通常积极帮助合作伙伴渡过难关							
5	在使用区块链的网络中，企业间在目标、需求、合作意愿等方面较为一致							
联合协作规划：企业之间对任务进行事先规划的程度		1	2	3	4	5	6	7
1	在使用区块链的网络中，企业间经常制定合作协议与目标							
2	在使用区块链的网络中，企业间经常对协作任务、资源等进行分配							
3	在使用区块链的网络中，企业间会制定解决分歧的方法							
4	在使用区块链的网络中，企业间经常共同探讨生产计划							
5	在使用区块链的网络中，企业间经常共同安排后续合作							
6	在使用区块链的网络中，企业间经常分享彼此的战略计划							
组织间协调：网络中通过部署资源和能力完成任务的效率		1	2	3	4	5	6	7
1	在使用区块链的网络中，企业间的合作都得到了良好协调							
2	在使用区块链的网络中，企业间解决问题的效率比较高							
3	在使用区块链的网络中，企业间通常无须耗费太多时间、精力就能达成共识							
4	在使用区块链的网络中，企业间会实时分享信息							
5	在使用区块链的网络中，绝大多数的决策由所有成员共同参与							
6	在使用区块链的网络中，企业间冲突、矛盾总能够得到很好的解决							
新产品开发：产品的创新性及开发速度		1	2	3	4	5	6	7
1	网络的新产品新颖程度高							
2	相比于竞争者，该网络的新产品更具有创新性							
3	新产品经常会带来新的想法							
4	新产品项目的开发速度比预期快							
5	新产品项目的开发速度比目标时间提前							
伙伴关系质量：网络中企业合作伙伴的质量		1	2	3	4	5	6	7
1	网络中的企业之间的交流非常频繁							
2	网络中企业之间的合作关系已经持续了较长时间							
3	网络中企业都很了解和熟悉彼此的业务							

题项		非常不同意→非常同意						
4	网络中企业会做出互利的决定							
5	网络内的企业共享兼容的文化和政策							
合同完整性：合同对合作过程中涉及内容的涵盖程度		1	2	3	4	5	6	7
1	网络内的合同对任务操作和任务实施各方面进行了协议规定							
2	主要通过合同对网络中企业之间的冲突进行协调和解决							
3	主要通过合同处理网络合作过程中的突发事件							

问卷到此结束，非常感谢您的参与！

后　记

随着本书的完成，我心中充满了感慨和感激。这本书的创作过程，对我来说既是一次知识的探索，也是一次心灵的成长。在此，我想对所有在这个过程中给予我支持和帮助的人表示最诚挚的感谢。

本书是在我的导师孙国强教授的悉心指导下完成的，在这里，谨向我的导师孙国强教授致以由衷感谢。本书的研究与写作，离不开孙教授细致入微的指导，不同版本纸稿上的每一句朱批都是孙教授辛劳付出的见证。同时，在参与孙教授的国家自然科学基金项目（71872014）、山西省基础研究（自由探索）面上项目（202303021211141）的研究过程中，我收获颇多，本书的研究内容也体现和引用了其中的部分研究成果。

感谢山西财经大学管理科学与工程学院的各位导师在科研上给予我的指导与照顾，当我对研究方案犹豫不前、难以动笔时，是他们与我进行一次次的集中讨论，使我深受启发，从而使研究内容得以不断完善，并顺利完成本书的撰写。

同时，尤为感谢我的同学与至交好友，是他们及时的安慰与鼓励才使我越挫越勇。感谢我的挚友刘宇佳博士、崔泽光博士的帮助，远在千里的他们一直是我学业上的助力；感谢师妹贾昌进、赵会会、牛瑶瑶，她们为本书的完善提供了许多的帮助与建议。

感谢我的家人对我的支持与鼓励，他们的鼓励与支持成为我坚持科研和勇往直前的坚强后盾。"一尺三寸婴，十又八载功"，多年来父母为我遮风挡雨，这份爱实在是太重太重，定当置于心中回报一生。

本书的创作过程是一段充满挑战和发现的旅程。从最初的构思到最终的完稿，每一步都凝聚了我的努力和思考。在这个过程中，我深刻体会到了学术研究的艰辛与乐趣，也更加明白了知识的力量和价值。

　　在完成这本书的同时，也在反思自己的研究和写作。我相信，尽管本书可能还存在不足之处，但它是我对区块链技术在企业网络治理领域应用的一次真诚探索。我期待着读者的反馈，并希望能够在未来的工作中继续进步和提高。

史萍萍

2024 年 8 月